매일 입고 싶은 여자아이 옷

개정증보판

패턴 라벨 **가타가이 유키** 지음

황선영 옮김 | 문수연 감수

이아소

CONTENTS

no.01 프릴 칼라 블라우스 …… 04

no.02 쇼트 팬츠 …… 04

no.03 리넨 프릴 원피스 …… 06

no.04 벌룬 캡 …… 08

no.05 개더 캐미솔 …… 08

no.06 스목 원피스 …… 10

no.07 핀턱 원피스 …… 12

no.08 스퀘어넥 원피스 …… 14

no.09 풍성한 코르사주 …… 14

작은 꽃 머리 장식과 헤어핀 …… 14

작은 꽃 리스 브로치 …… 14

no.10 니트 티셔츠 …… 16

no.11 크롭트 팬츠 …… 16

no.12 플리츠 스커트 …… 17

no.13 둥근 칼라 블라우스 …… 18

no.14 서큘러 스커트 (봄·여름) …… 18

no.15 개더 포셰트 …… 19

no.16 슬리브리스 원피스 …… 20

no.17 리본 스목 …… 22

no.18 턱 캐미솔 …… 24

no.19 개더 퀼로트 …… 24

no.20 라운드 칼라 원피스 …… 26

no.21 웨이스트 마크 원피스 …… 28

no.22 데일리 튜닉 …… 30

no.23 하프 레깅스 …… 30

no.24 롱 레깅스 …… 31

no.25 7부 소매 프릴 원피스 …… 32

no.26 원마일 백 …… 32

no.27 셔츠 원피스 …… 34

no.28 집업 후드 파카 …… 34

no.29 단추 후드 파카 …… 36

no.30 하이넥 티셔츠 …… 36

no.31 세미타이트 스커트 …… 36

no.32 풀오버 원피스 …… 38

no.33 스탠드 칼라 블라우스 …… 40

no.34 서큘러 스커트 (가을·겨울) …… 40

Column

편안하고 사랑스러운 디자인 …… 42

안쪽 마무리도 신경 써서, 핸드메이드 옷의 완성도를 업그레이드 …… 43

Lesson

Lesson 1 리넨 프릴 원피스를 만들자 …… 44

Lesson 2 니트 바느질 …… 48

바느질의 기초 …… 49

how to make …… 52

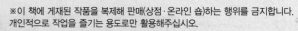

FRILLY COLLAR BLOUSE

no.01

프릴 칼라 블라우스

드롭 숄더의 프릴 칼라 블라우스.
위로 내어 입는 스타일이면서 균형이 절묘하게 잘 맞는다.
앞뒤로 길이가 다른 슬릿 트임의 디자인이다.

how to make ▸▸▸ p.52

Pattern Label

SHORT PANTS

no.02

쇼트 팬츠

숍에서도 대인기인 베이식한 쇼트 팬츠.
큼지막한 포켓과 접어 올린 듯 보이는 밑단이 디자인 포인트.
허리 전체가 고무줄이라 만들기도 간단하다

how to make ▸▸▸ p.56

※p.8·22에 다른 천으로 만든 작품이 있다

3

FRILLY DRESS OF LINEN

no.03

리넨 프릴 원피스

꽃잎 같은 프릴 칼라가 특징인 원피스.
더운 계절 외출복으로 제격이다.
어두운 컬러의 천으로 만들면 한층 고급스럽다.

how to make ▸▸▸ p.44·55

BALLOON CAP

no.04
벌룬 캡

봉긋한 실루엣의 소녀풍 모자.
챙이 얕아서 시야를 가리지 않고 쓰기 편해서 더 매력적이다.
옆에 리본이나 브로치를 달아도 귀엽다.

how to make ▸▸▸ p.58

※ 하의는 p.4 쇼트 팬츠를 다른 천으로 만들었다.

GATHERED CAMISOLE

no.05
개더 캐미솔

고무줄로 개더를 잡아 간단히 만들 수 있는 캐미솔.
오버로크나 지그재그 박기를 하지 않아도
튼튼하고 깔끔하게 완성된다.

how to make ▸▸▸ p.60

6

SMOCK DRESS

no.06

스목 원피스

어린아이도 얼마든지 혼자 입을 수 있는 스목 원피스.
직선 박기만으로 손쉽게 만들 수 있다.
몸판에 단 둥근 포켓이 악센트.
목 트임은 아이에 맞춰 조절한다.

how to make ▸▸▸ p.68

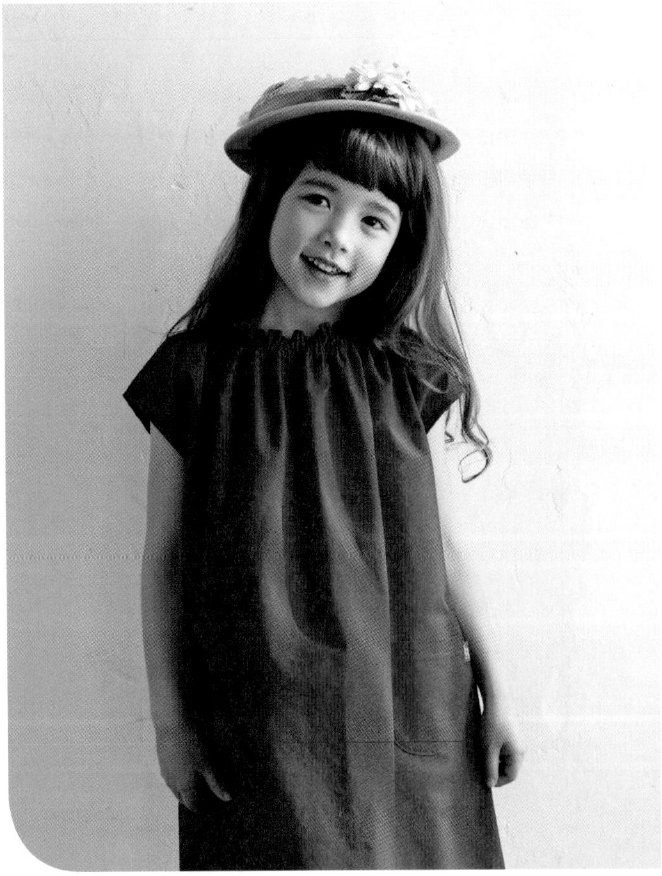

PINTUCK DRESS

no.07

핀턱 원피스

좁은 턱이 포인트인 캐주얼 원피스.
포켓 아래 잡은 개더로 밑단이 퍼지는 실루엣 연출.
뒤에도 턱을 잡아 어디서 보든 사랑스럽다.

how to make ▸▸▸ p.62

SQUARE NECK DRESS

no.08

스퀘어넥 원피스

여름엔 홑겹으로, 겨울엔 점퍼 스커트로 활용해
1년 내내 입을 수 있는 원피스이다.
3개가 나란히 달린 뒤 단추 덕분에
심플한 디자인이 돋보인다.

how to make ▸▸▸ p.64

a
b
c
d

ACCESSORIES

no.09

a 풍성한 코르사주
b,c 작은 꽃 머리 장식과 헤어핀
d 작은 꽃 리스 브로치

남은 천으로 만드는 액세서리.
자투리 천으로 만든 꽃잎의 올이 살짝 풀리면서
풍성하고 귀엽게 완성된다.

how to make ▸▸▸ p.59·61

10

KNIT T-SHIRT

no.10
니트 티셔츠

아이의 일상복으로 가장 활용도 높은 티셔츠.
신축성 좋은 니트 천으로 만들어 실루엣이 깔끔하고
날씬하게 보인다. 몸판과 목둘레도 같은 천으로 만든다.

how to make ▸▸▸ p.70

11

CROPPED PANTS

no.11

크롭트 팬츠

허리를 고무줄로 연출해 활동하기 편한 7부 팬츠.
포켓에 개더를 잡아 소녀 감성의 멋을 살렸다.
앞에도 이음선을 이용한 포켓이 있다.

how to make ▸▸▸ p.72

12

PLEATED SKIRT

no.12

플리츠 스커트

천의 선택에 따라 캐주얼은 물론 포멀하게도
연출할 수 있는 기본형 플리츠 스커트.
힙라인 위로 이음선을 넣어
천이 겹치는 플리트 부분도 깔끔해 보인다.

how to make ▸▸▸ p.74

13

CIRCLE COLLAR BLOUSE

no.13

둥근 칼라 블라우스

살짝 큼지막한 둥근 칼라가 앙증맞은 기본형 블라우스.
발표회나 상담 등의 자리에서도 단정하게 입을 수 있다.
싸개 단추를 달면 한층 고급스럽다.

how to make ▸▸▸ p.76

14

CIRCULAR SKIRT

no.14

서큘러 스커트 (봄·여름)

움직일 때마다 나풀나풀 퍼지는 원형 스커트.
오래도록 깜찍한 멋을 즐길 수 있어 꼬마 숙녀에게 대인기.
손수건을 넣어 다닐 수 있게
옆 솔기를 이용해 포켓을 달았다.

how to make ▸▸▸ p.78

※p.40에 다른 천으로 만든 작품이 있다.

15

GATHERED POCHETTE

no.15
개더 포셰트

둥근 모양이 사랑스러운 외출용 포셰트.
개더가 돋보이도록 무지로 만드는 것을 추천한다.
안감에 무늬 있는 천을 대주니 사용할 때마다 기분이 좋다.

how to make ▸▸▸ p.69

16

SLEEVELESS DRESS

no.16
슬리브리스 원피스

프릴과 개더를 풍성하게 넣은 외출용 여름 원피스.
과하게 퍼지지 않는 실루엣이라 입기 편한 것도 인기의 포인트.
천 끝을 모두 감추는 마무리를 해서 봉제 테크닉도 배울 수 있다.

how to make ▸▸▸ p.80

RIBBON SMOCK

no.17
리본 스목

개더와 리본으로 소녀 감성이 물씬 나는 블라우스.
쇼트 팬츠와 롱 팬츠에 모두 잘 어울린다.
살짝 멋스러운 평상복으로 활용도가 높다.

how to make ▸▸▸ p82

※ 하의는 p.4 쇼트 팬츠를 다른 천으로 만들었다.

18
TUCK CAMISOLE

no.18
턱 캐미솔

천을 달리해 더 깜찍하게 연출한 캐미솔.
같은 천으로 만들어도 멋스럽다.
천 끝을 모두 감추는 마무리여서 안쪽까지 깔끔하다.
how to make ▸▸▸ p.84

19
GATHERED CULOTTES

no.19
개더 퀼로트

볼륨이 풍성한 퀼로트라면
말괄량이 소녀도 안심.
허리가 고무줄이라 손쉽게 만들 수 있다.
how to make ▸▸▸ p.86

20

ROUND COLLAR DRESS

no.20

라운드 칼라 원피스

작고 둥근 칼라가 포인트인 데일리 원피스.
몸판이 연결된 소매라 뚝딱 만들기 쉽다.
입기 편한 옷으로, 실루엣이 너무 퍼지지 않도록 만들었다.

how to make ▸▸▸ p.87

21

WAIST MARK DRESS

no.21

웨이스트 마크 원피스

다른 천으로 포인트를 준 사랑스러운 원피스.
입기 편한 디자인이라 어린아이도 혼자 입고 벗을 수 있다.
캐주얼한 천으로 만들어서 등하교복으로 추천한다.

how to make ▸▸▸ p.66

22
DAILY TUNIC

no.22
데일리 튜닉

팬츠나 레깅스와 맞춰 입기 딱 좋은 튜닉.
가슴 이음선과 둥근 개더 포켓도
디자인 포인트이다.

how to make ▸▸▸ p.90

23
HALF LEGGINGS

no.23
하프 레깅스

옆 솔기가 없어 깔끔하게 입을 수 있는 레깅스이다.
밑위에 앞뒤 차이를 두어 착용감까지 뛰어나다.
환절기에 활용할 수 있는 하프 길이.

how to make ▸▸▸ p.92

24

LONG LEGGINGS

no.24

롱 레깅스

쌀쌀한 계절에 요긴한 롱 레깅스.
밑단에 이음천을 붙여 잘 늘어나지 않는다.

how to make ▸▸▸ p.92

25

FRILLY DRESS OF THREE-QUARTERS SLEEVES

no.25

7부 소매 프릴 원피스

꽃무늬의 7부 소매 프릴 원피스.
소녀 감성 물씬 나는 꽃무늬도 좋고,
무지 원단도 멋스럽다.

how to make ▸▸▸ p.94

Pattern Label

26

ONE-MILE BAG

no.26

원마일 백

안주머니가 달린 미니 백.
안감을 넣은 깔끔한 스타일이라
엄마의 원마일 백으로도 추천한다.

how to make ▸▸▸ p.93

27
SHIRT DRESS

no.27
셔츠 원피스

프릴 앞단과 깜찍한 개더 소매가 포인트인 셔츠 원피스.
앞을 잠가 원피스로 입어도 좋고,
단추를 풀어 코트처럼 걸쳐도 새롭다.

how to make ▸▸▸ p.95

Garden
Plants

28
ZIP-UP HOOD PARKA

no.28
집업 후드 파카

p.36 단추 후드 파카를 지퍼 트임으로 연출한 파카.
발랄한 느낌의 니트 천으로 만들면
일상복으로 활용도 최고.

how to make ▸▸▸ p.98

The Dictionary of
Garden
Plants
in colour
with House and
Greenhouse Plants

29

BUTTON HOOD PARKA

no.29

단추 후드 파카

p.34 집업 후드 파카를 단추 트임으로 만든 파카.
오래 입을 수 있게 소맷부리를 조금 길게 만들어
한동안은 고무단 부분을 접어서 입힌다.

how to make ▸▸▸ p.100

30

HIGH NECKED T-SHIRT

no.30

하이넥 티셔츠

목 주위가 딱 붙지 않는
입기 편한 하이넥 티셔츠이다.
머리를 넣고 빼기 쉽게 신축성 있는 니트지로 만들면 좋다.

how to make ▸▸▸ p.70

31

SEMI-TIGHT SKIRT

no.31

세미타이트 스커트

간단히 만들 수 있으면서 맞춰 입기 편한
세미타이트 스커트.
추운 계절엔 레깅스나 타이츠와 매치한다.
데님 소재에 스티치를 넣어 만들어도 멋스럽다.

how to make ▸▸▸ p.102

32
PULLOVER DRESS

no.32
풀오버 원피스

드롭 숄더에 티셔츠처럼 위로 입는 타입의 원피스다.
볼륨감 있는 소매와 살짝 퍼지는 몸판이 매력.
소맷부리는 고무줄로 연출해 입기 편하고 만들기도 간편하다.

how to make ▸▸▸ p.88

33
STAND COLLAR BLOUSE

no.33
스탠드 칼라 블라우스

프릴의 스탠드 칼라로 고급스러운 느낌의 블라우스.
소매에도 개더를 넣어 귀여움이 배가되었다.
혼자서도 갈아입을 수 있게 어깨에 트임이 들어갔다.
how to make ▸▸▸ p.54

34
CIRCULAR SKIRT

no.34
서큘러 스커트 (가을·겨울)

플레어의 밑단 퍼짐이 깜찍한 서큘러 스커트.
다른 천으로 만들어 1년 내내 활용할 수 있는 스커트다.
how to make ▸▸▸ p.78

※p.18에 다른 천으로 만든 작품이 있다.

패턴부터 특별하다

편안하고 사랑스러운 디자인

핸드메이드 옷은 자칫 모양이 평면적이거나, 착용감이 만족스럽지 않은 경우가 있다.
이 책의 옷본은 겉으로 드러나지 않는 '편안함'에 중점을 두었다.
'사랑스러움'은 기본.
이 두 요소가 디자인에 조화를 잘 이루도록 했다.

p.38
풀오버 원피스

겉모양은 풍성해 보이지만 볼륨이 과하지 않다. 소맷부리에 고무줄을 넣어 소매 걷기도 편하다.

뒤 목선에도 개더를 넣어 어디서 보든 깜찍♪

p.20
슬리브리스 원피스

볼륨이 풍성한 개더와 프릴 디자인. 옷 폭을 넓히지 않고 입기 편하도록 균형감을 고려했다.

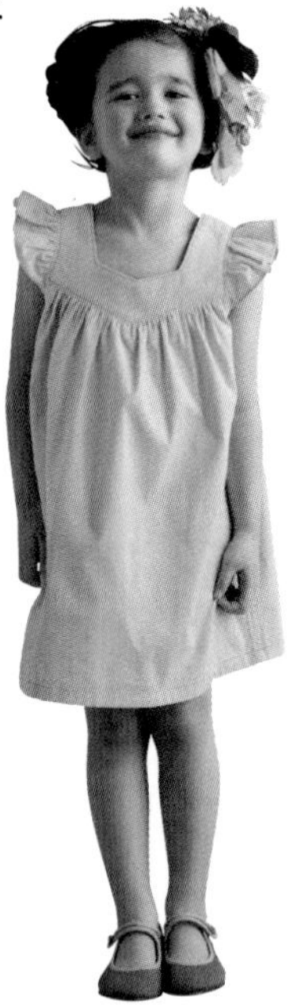

p.04
프릴 칼라 블라우스

드롭 숄더의 편안한 블라우스. 어깨 트임이 있어서 혼자서도 입을 수 있다.

p.04
쇼트 팬츠

허리 전체가 고무줄이라 입고 벗기 편해 추천. 디자인이 심플해서 맞춰 입기도 쉽다.

두 디자인의 몸판은 같다. 응용하기에 따라 다른 모양의 아이템으로.

arrange!

p.10
스목 원피스

목 주위가 고무줄이라 꼬마 숙녀도 혼자서 입고 벗기 쉽다. 소매를 달지 않아서 만들기도 초간단!

p.28
웨이스트 마크 원피스

허리를 강조해 드레시한 원피스로 살짝 변신. 소매를 달면 사계절 내내 입을 수 있다.

뒤 이음선은 활동하기 편하게 어깨뼈 위치를 피해서 만들었다.

리본을 예쁘게 묶을 수 있게 뒤 몸판 중심을 비스듬히 커팅, 매듭 공간도 확보했다.

p.22
리본 스목

앞뒤로 이음선을 넣고 개더를 잡아 입기 편하고 모양도 귀엽다.

안쪽 마무리도 신경 써서

핸드메이드 옷의 완성도를 업그레이드

고급스러운 옷일수록 안쪽까지 정성 들여 만드는 법.
안쪽의 시접 처리가 복잡한 것 같지만, 아주 작은 수고만 들이면 된다.
게다가 초보자도 할 수 있는 간단한 테크닉.
익혀두면 옷의 완성도를 한층 높일 수 있다.

안 바이어스 마무리

슬리브리스나 캐미솔의 천 끝 처리에 사용했다. 안쪽만 바이어스테이프가 보이도록 박는 방법으로, 겉쪽에는 스티치밖에 보이지 않는다. 소맷부리는 입으면 살짝 안쪽이 보이는 부분이기 때문에 프린트 무늬 등의 다른 천을 사용하면 디자인 포인트가 된다.

*박는 법은 p.46 · 85 참조

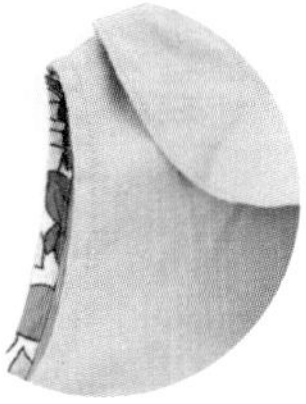

2번 말아박기(3겹 말아박기)

프릴 끝의 처리에 사용했다. 천 끝을 1~2mm로 좁게 2번 접어 3겹으로 박는 방법이다. 초보자는 2겹으로 접은 시점에서 한 번 박고, 그다음 3겹으로 접어 다시 박으면 깔끔하게 완성된다. '말아박기 노루발'이라는 재봉용 부속을 사용하면 3겹으로 접으면서 박을 수 있어 좀 더 간단.

*박는 법은 p.46 · 81 참조

통솔

쌈솔과 같은 방법으로, 천 끝을 감추어 박는 법이다. 처음에 안끼리 맞대어 박고, 다시 겉끼리 맞닿게 접어 또 한 번 박는다. 단순히 2번 박기만 하면 되기 때문에 아주 간단. 두꺼운 천은 시접이 겹쳐 안정감이 덜하니 주의. 얇은 천에 사용하자.

*박는 법은 p.63 · 66 참조

쌈솔

어깨나 옆 등의 시접은 지그재그 박기로 처리해도 되지만, 쌈솔로 하면 천 끝을 전부 감출 수 있어 깔끔하다. 세탁해도 올이 풀리지 않고, 옷을 오래 유지하는 것도 장점. 박는 법은 한쪽 시접을 잘라 다른 쪽으로 감싸고, 위에서 한 번 더 박기만 하면 되므로 간단하다.

*박는 법은 p.45 · 60 · 85 참조

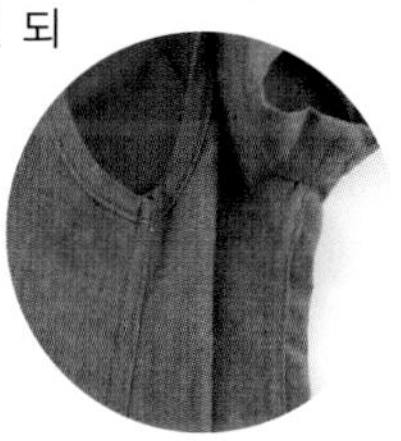

쌍줄뉜솔

시접을 한쪽으로 눕힐 수 없는 곳에 사용하는 천 끝 처리 방법이다. 시접 폭을 조금 넓게 넣어 박고, 시접을 가른 뒤 천 끝이 감춰지게 안쪽으로 접어 접음선에 스티치한다. 겉에서도 스티치가 보이지만 이것을 포인트로 활용해도 귀엽다.

*박는 법은 p.68 참조

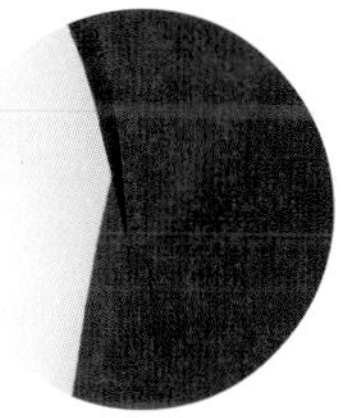

다른 천을 사용해 가려진 부분에 악센트로

보이지 않는 부분에 귀여운 프린트 무늬를 사용함으로써 조금 고급스럽게. 직접 만드는 옷이야말로 이런 사치를 누리고 싶은 법이다. 아주 일부분이라 남은 천으로도 OK. 아이들도 옷을 입는 것이 행복할 것이다.

네임 태그

핸드메이드 옷에는 태그가 없기 때문에 이름을 적는 네임 태그가 있으면 편리. 사이즈를 함께 적어도 좋다.

태그 &
네임 태그를 사용해서

작품의 완성도를 높이는 태그나 네임 태그. 원 포인트가 있는 것만으로 작품이 한층 돋보인다. 직접 만들거나 인터넷에서 의류용 네임 태그를 구매해 사용하면 된다.

리넨 프릴 원피스를 만들자 … 작품은 p.06

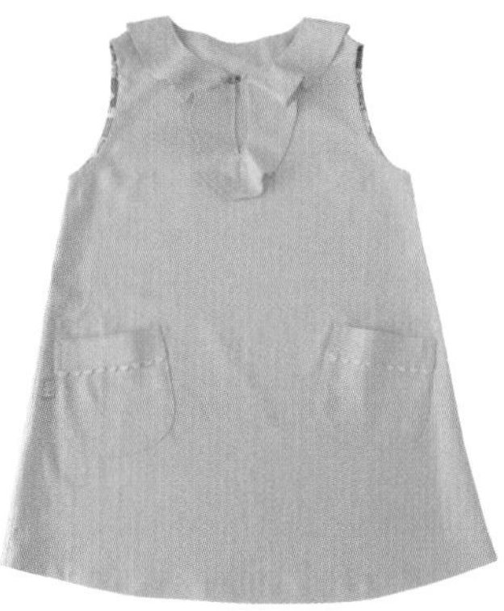

프릴이 특징인 원피스는 단시간에 만들 수 있는 아이템.
안단을 겉으로 내서 프릴로 하는 간단한 방법이기 때문에 초보자도 문제없다.
쌈솔, 2번 말아박기 등의 방법으로 시접도 깔끔하게 마무리된다.

※재료, 재단 배치도, 박는 순서는 p.55.
※이 책의 작품은 시접을 포함한 옷본으로 만들어 표시 없이 재봉틀의 바늘판 안내선을 사용해 박을 수 있어, 천에 자국 없이 단시간에 완성할 수 있다(p.51 참조).
바느질 초보자나 재봉틀을 다루기 불안한 분은 초크 페이퍼 등으로 표시해두어도 좋다.

바느질 시작 전에

1 옷본을 준비한다

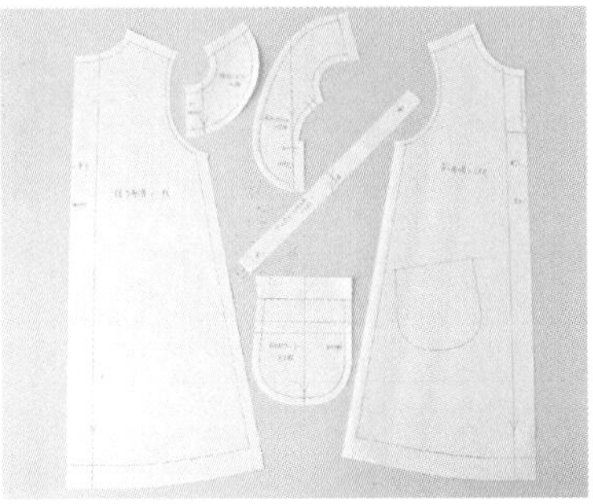

❶수록된 실물 대형 옷본을 베끼고, 시접 넣은 패턴을 만든다(시접 넣는 법은 p.50을 참조). 필요한 파트가 준비되었는지, 재단 배치도와 대조하며 확인하자.

2 천을 자른다

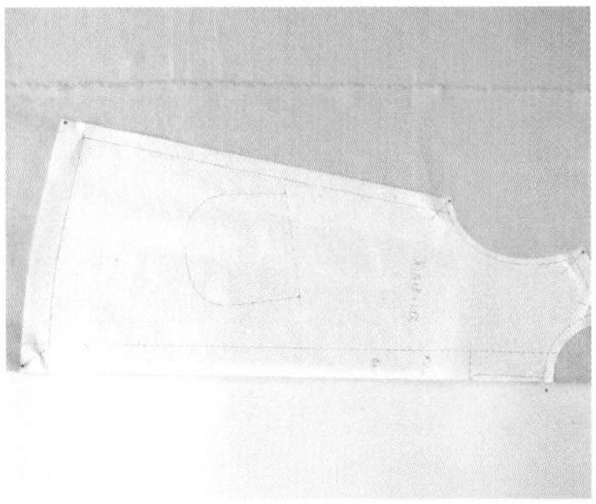

❶p.55의 재단 배치도를 참조해 천 겉면 위에 패턴을 배치한다. 큰 파트부터 배치하고, 시침핀으로 옷본을 고정한다.

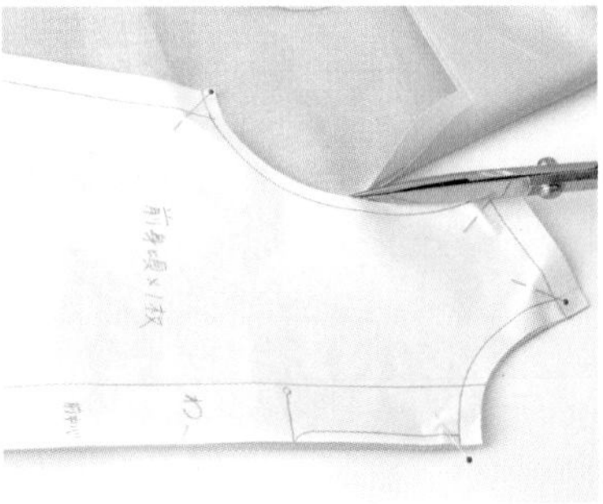

❷패턴을 따라 천을 자른다. 가위의 진행 방향에 맞춰 몸을 이동하면서 자르자(천을 움직이지 말 것).

3 표시를 한다

❶밑단이나 옆 등 시접 폭에 맞춰 노치(0.3 cm 가위집)를 넣는다. 너무 깊이 자르지 않도록 재단 가위 끝을 이용하면 좋다.

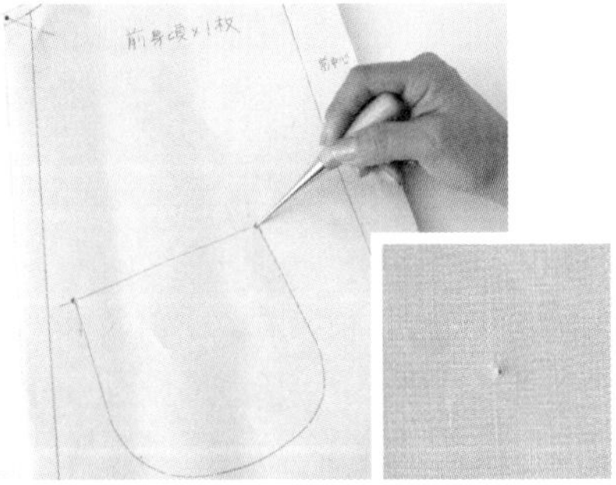

❷포켓 다는 위치의 포켓 입구를 송곳으로 찌르고, 작은 구멍을 낸다. 천에 작은 구멍이 생겨 안쪽에서 봐도 표시가 된다.

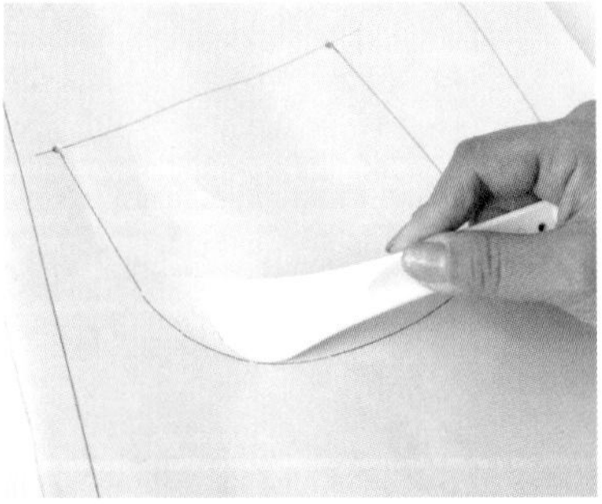

❸포켓 곡선 등은 패턴 위에서 주걱(헤라, 뼈인두)으로 덧그려 천에 표시를 한다. 이 밖의 맞춤 표시는 송곳이나 초크 펜으로 표시를 해둔다.

재봉

※바느질 시작 전에 다림질 처리를 한다. 다림질 처리에 대해서는 p.51 참조.

1 포켓을 만들고, 앞 몸판에 단다

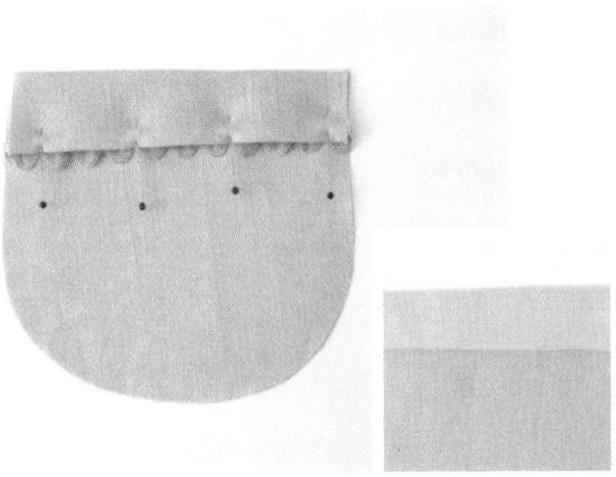

❶포켓 입구의 안면에 접착심지를 붙인다. 턱을 접어 다림질하고, 사이에 리크랙 테이프를 끼운다.

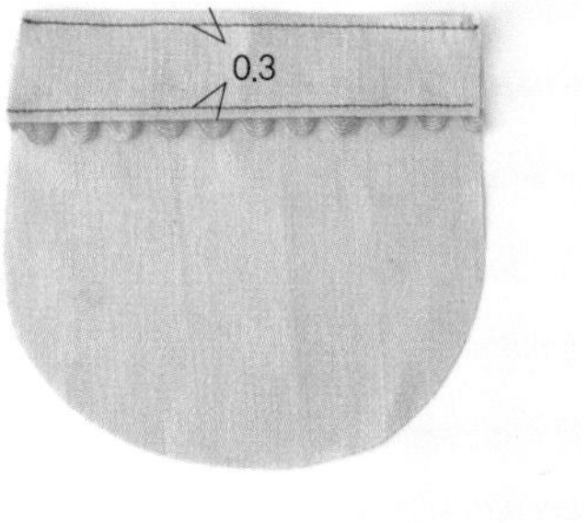
0.3

❷포켓 입구의 위아래에 끝에서 0.3cm 스티치한다.

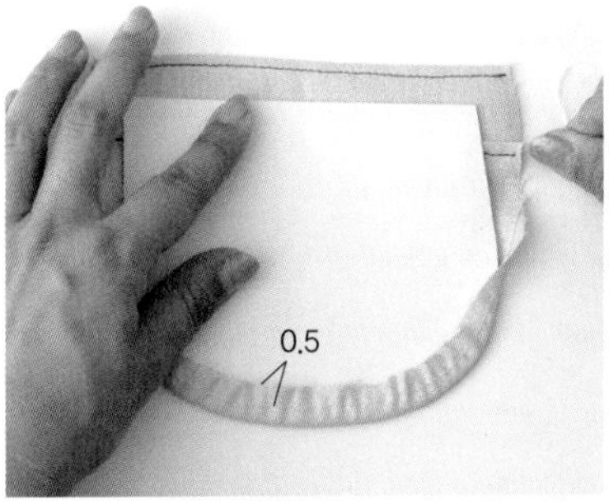
0.5

❸아래 곡선의 시접 끝에서 0.5cm 위치에 홈질(촘촘한 바늘땀)을 한다. 포켓 모양으로 자른 두꺼운 종이를 안쪽에 대고, 홈질한 실을 당겨 다림질해 정돈한다.

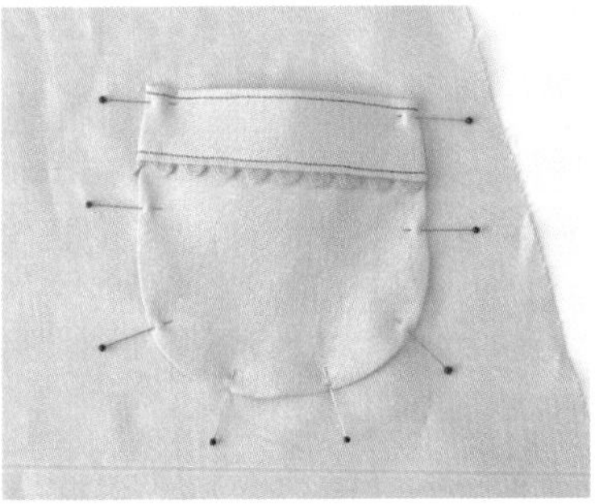

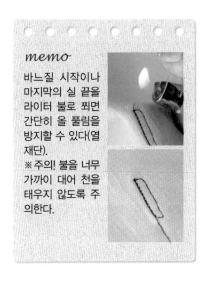

❹앞 몸판의 다는 위치에 맞춰 포켓을 시침핀으로 고정한다. 포켓 입구는 손을 넣기 편하게 약간 뜨게 되어 있다.

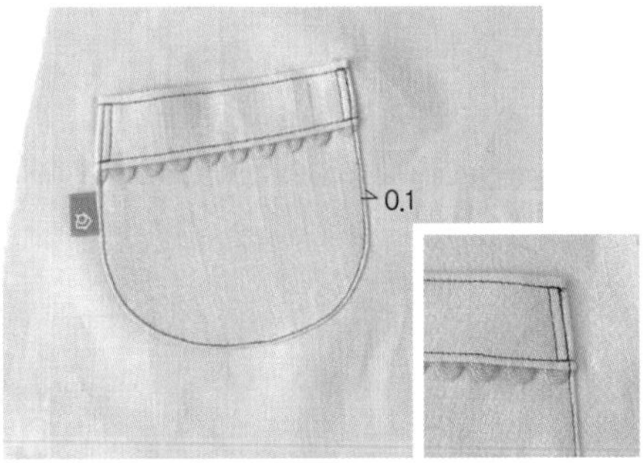
0.1

❺포켓 주위에 0.1cm 상침(눌러박기, 천 끝에서 0.1~0.3cm 정도 들어간 위치에 하는 스티치. 작품의 상침은 0.1cm)으로 박아 고정한다. 포켓 입구의 모서리는 0.5cm 폭으로 사각으로 박는다.

memo

바느질 시작이나 마지막의 실 끝을 라이터 불로 찌면 간단히 올 풀림을 방지할 수 있다(열재단).
※주의! 불을 너무 가까이 대어 천을 태우지 않도록 주의한다.

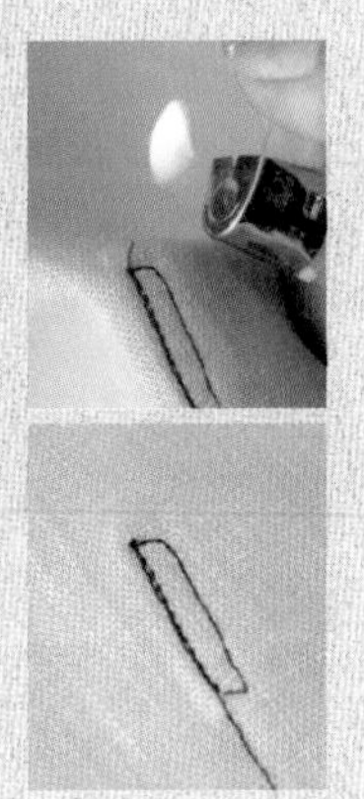

2 어깨를 박는다 쌈솔

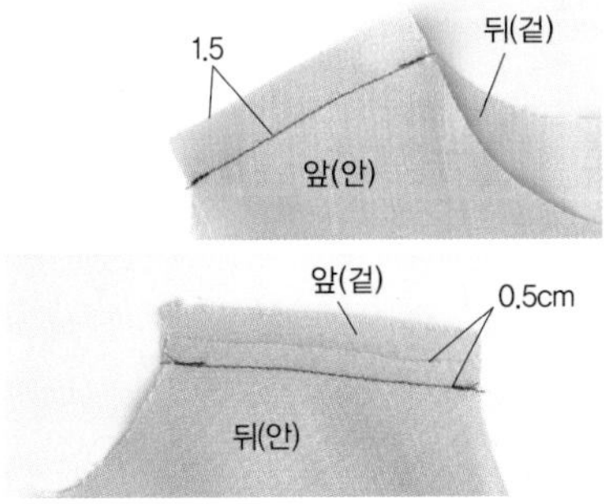
1.5
뒤(겉)
앞(안)
앞(겉)
0.5cm
뒤(안)

❶앞 몸판과 뒤 몸판을 겉끼리 맞닿게 겹쳐 시침핀으로 고정하고, 시접 1.5cm로 박는다. 뒤 몸판의 어깨 시접을 박음선에서 0.5cm 남기고 자른다.

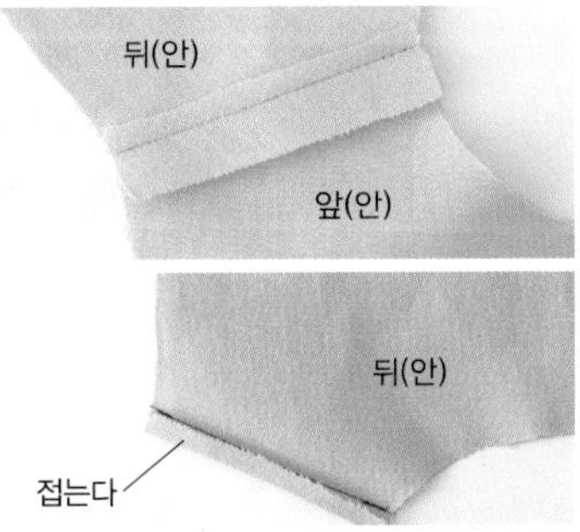
뒤(안)
앞(안)
뒤(안)
접는다

❷다림질로 시접을 가른 뒤, 앞 몸판의 시접을 반으로 접어 뒤 몸판의 시접을 감싼다.

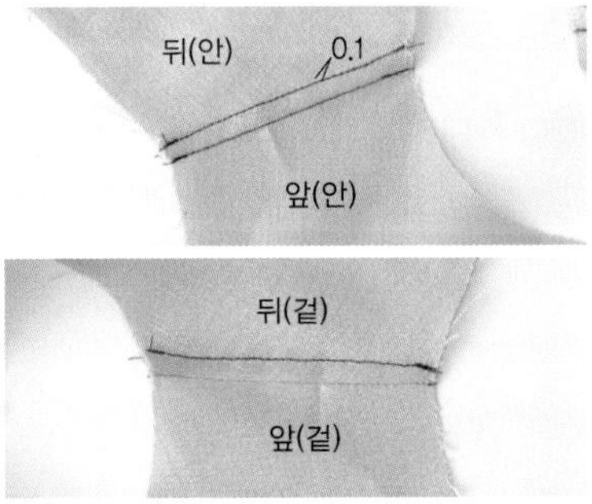
뒤(안)
0.1
앞(안)
뒤(겉)
앞(겉)

❸감싼 시접을 뒤 몸판 쪽으로 눕히고, 접음선에 0.1cm 상침한다.

3 진동 둘레를 마무리한다 안 바이어스 마무리

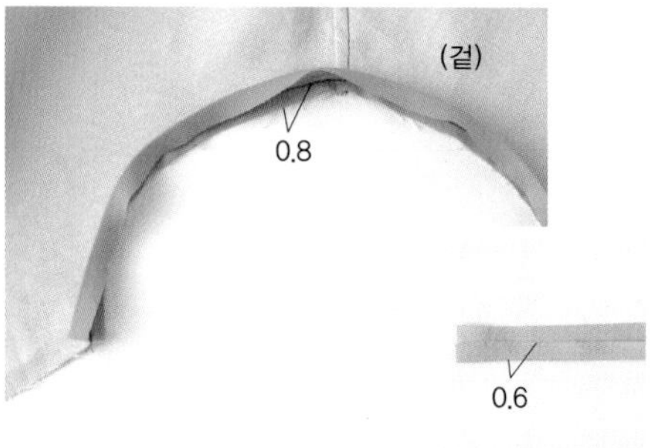
(겉)
0.8
0.6

❶진동 둘레 바이어스 천의 끝을 0.6cm 접고, 몸판과 바이어스 천을 겉끼리 맞대어 진동 둘레를 따라 조금 늘이듯이 시침핀으로 고정한다. 천 끝에서 0.8cm를 박는다.

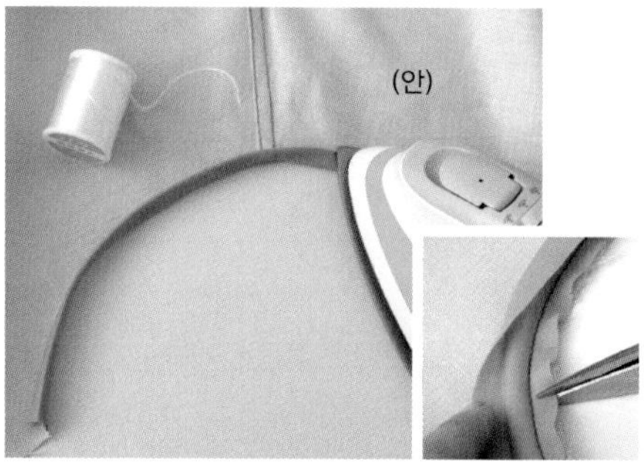
(안)

❷곡선 시접에 가위집을 넣고, 바이어스 천을 겉으로 뒤집어 박음선에서 접고 다림질로 정돈해 시침질한다. 시침질 대신 열접착실로 고정하면 수고는 덜고 깔끔하게 완성된다.

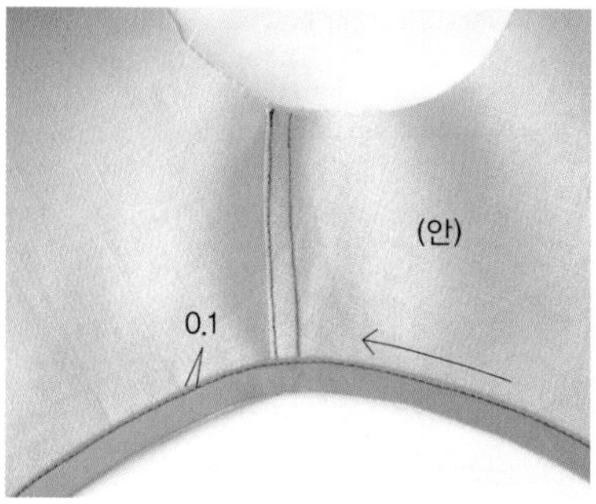
(안)
0.1

❸안 바이어스의 완성 폭은 1cm. 몸판 시접을 감싸고, 바이어스 천 끝에 0.1cm 상침한다.

4 목 프릴을 만든다

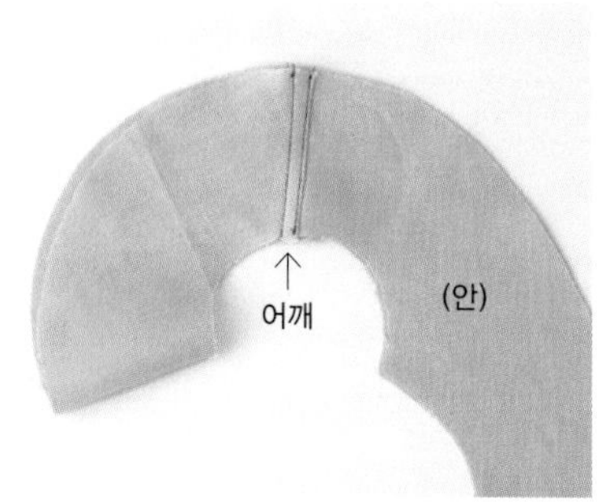
어깨
(안)

❶앞 목 프릴과 뒤 목 프릴을 겉끼리 맞닿게 겹치고, 어깨를 쌈솔로 박는다. 앞 프릴의 시접을 자르고 뒤 프릴의 시접으로 감싸, 앞쪽으로 눕혀 박는다(몸판과 반대로 눕힌다). ※몸판과 프릴의 어깨 시접이 겹치지 않게 서로 다르게 시접을 눕혀 처리한다.

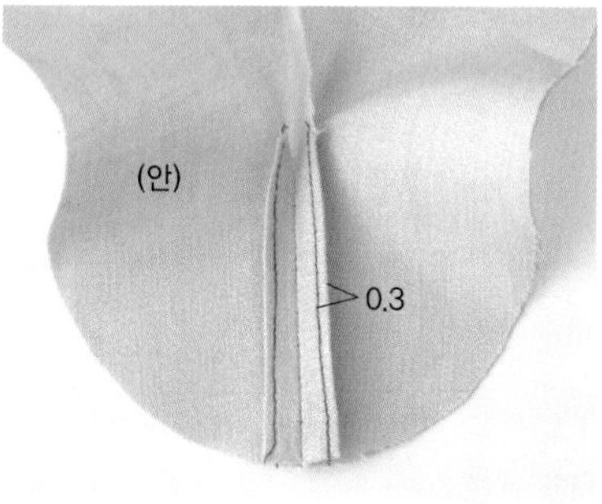
(안)
0.3

❷앞 프릴을 겉끼리 맞닿게 겹쳐 앞 중심을 박고, 다림질로 시접을 가른다. 시접 끝은 각각 반으로 접고, 시접 부분의 접음선에서 0.3cm를 박는다.

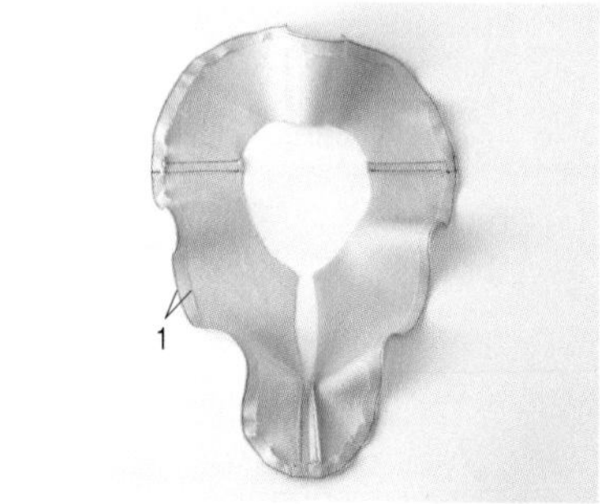
1

❸다림질로 프릴 주위의 시접 1cm를 안쪽으로 접는다. 접음선에서 0.2cm를 빙 둘러 한 바퀴 박는다.

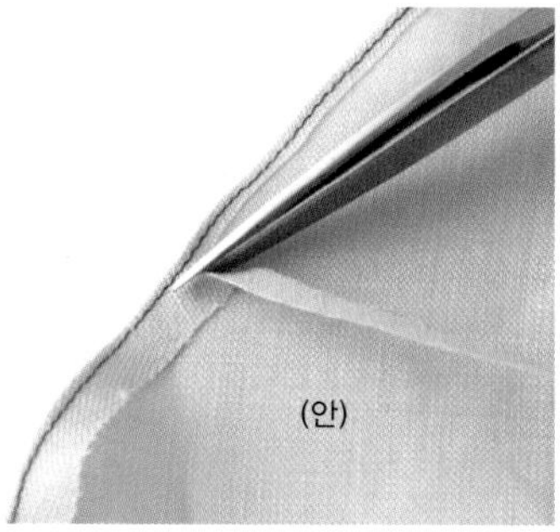
(안)

❹박음선의 가장자리를 따라 시접을 자른다.

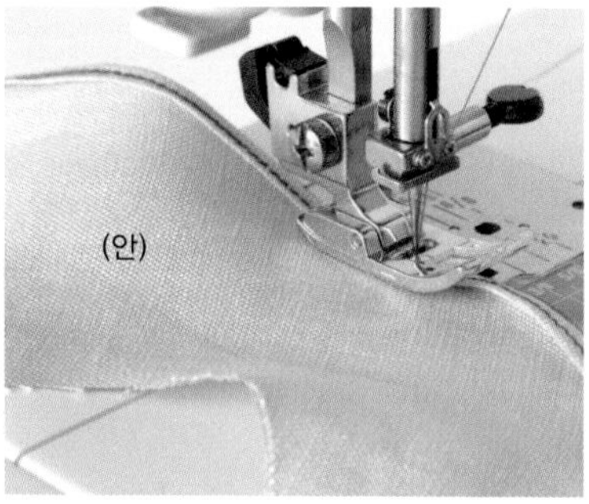
(안)

❺자른 천 끝을 따라 프릴 끝을 접으며 ❸의 박음선에 겹쳐 박는다.

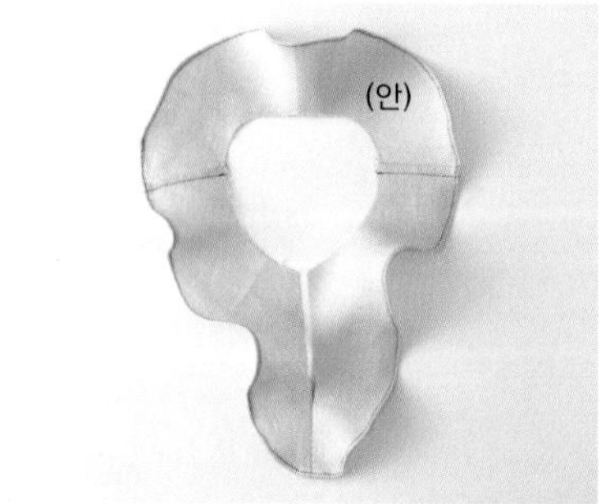
(안)

❻프릴 끝을 ❸~❺의 요령으로 2번 말아박기로 마무리하여 목 프릴 완성.

5 천 고리를 만든다

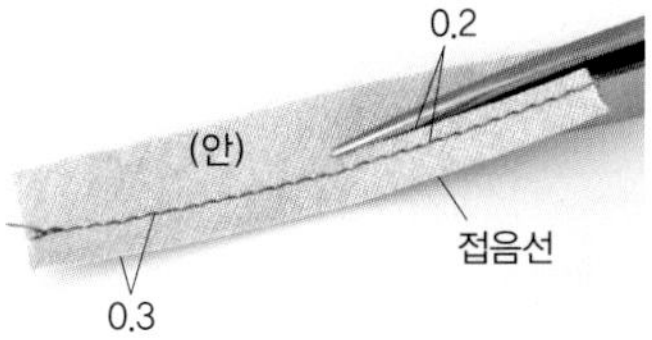
0.2
(안)
접음선
0.3

❶바이어스로 자른 앞트임 고리 천의 안면에 접착심지를 붙이고, 겉끼리 맞대어 접음선에서 0.3cm를 박는다. 박음선에서 0.2cm 남기고 자른다.

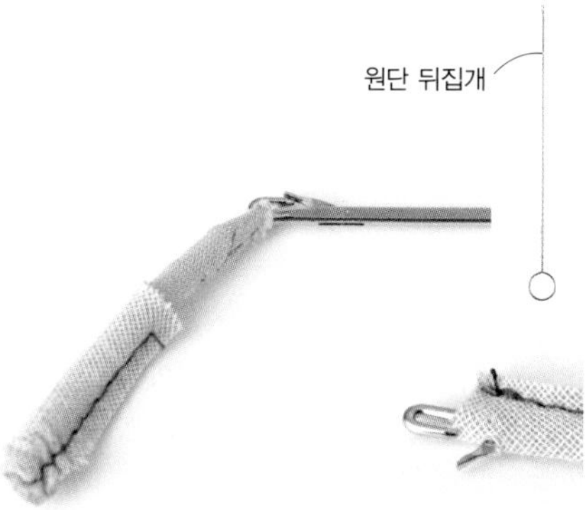
원단 뒤집개

❷천 고리를 겉으로 뒤집는다(p.55 참조). 좁은 천 고리를 겉으로 뒤집을 때는 시판하는 원단(고리, 루프) 뒤집개를 사용하면 편리하다. 원단 뒤집개를 고리 안으로 넣고 끝을 걸어 겉으로 빼낸다.

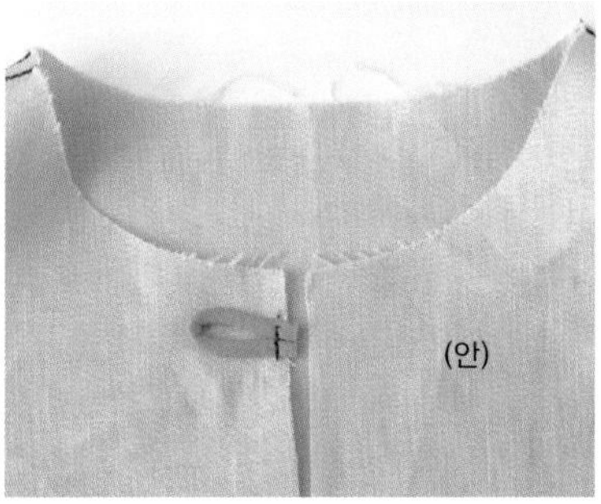
(안)

❸고리를 반으로 접어 둥글리고, 다림질로 정돈한다. 앞 몸판의 안쪽 고리 다는 위치에 겹치고, 시접에 박아 고정한다.

6 목 프릴을 단다

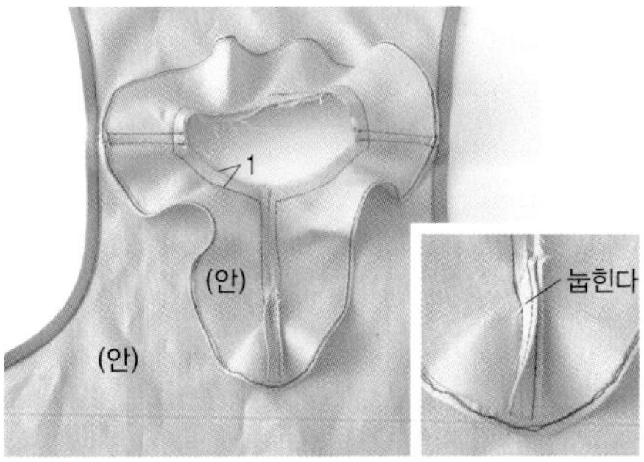
1
(안)
(안)
눕힌다

❶몸판 안쪽에 목 프릴의 겉을 겹쳐 시침핀으로 고정하고, 목과 앞 중심을 박는다. 프릴의 앞 중심 시접을 눕히고 앞 중심~목~반대쪽 앞 중심까지 빙 둘러 한 바퀴 박는다.

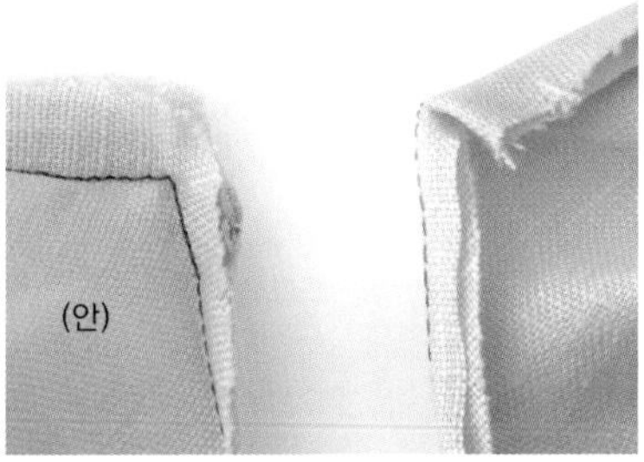
(안)

❷박음선의 가장자리에서 시접을 프릴 쪽으로 접고, 다림질한다. 목 곡선 부분의 시접에 가위집을 넣는다.

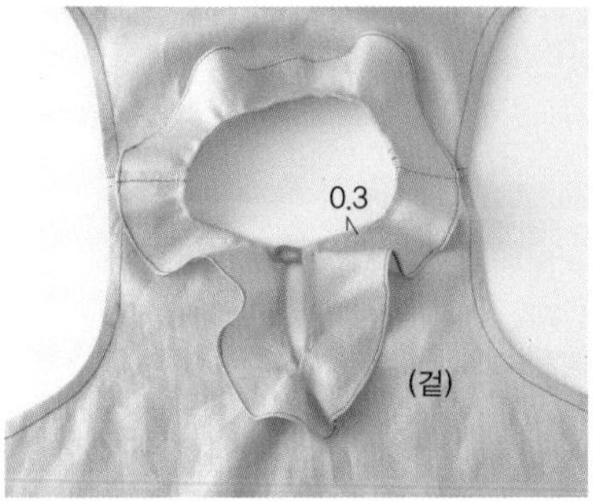
0.3
(겉)

❸프릴을 겉으로 뒤집고, 다림질로 정돈한다. 시침질한 뒤 목 주위 0.3cm를 빙 둘러 한 바퀴 스티치한다.

7 옆을 박는다

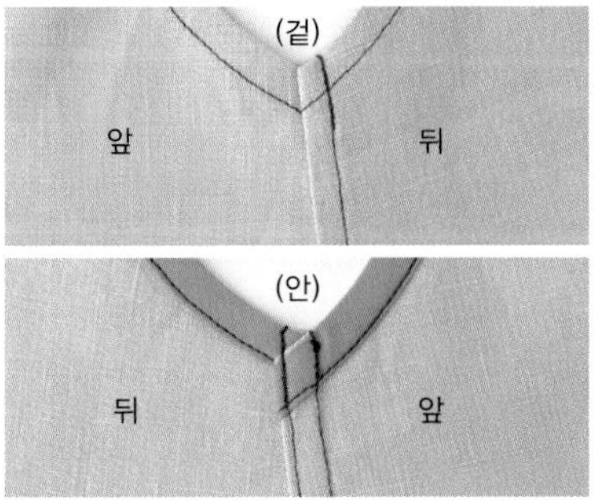
(겉)
앞
뒤
(안)
뒤
앞

앞 몸판과 뒤 몸판을 겉끼리 맞닿게 겹쳐 옆을 박고, 어깨와 같은 방법으로 쌈솔로 박는다.

8 밑단을 박는다

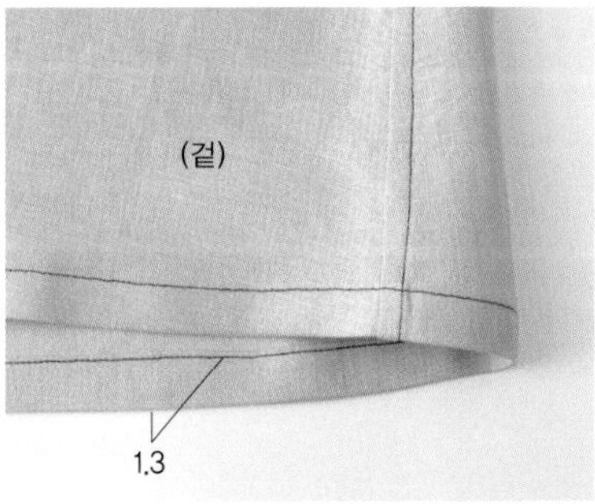
(겉)
1.3

시접을 3cm 접고, 자국 낸 접음선에 천 끝을 맞춰 다시 접어 2번 접는다. 밑단에서 1.3cm에 스티치한다. 사전에 다림질 처리(p.51 참조)를 해두면, 작업이 순조롭게 진행된다.

9 마무리한다

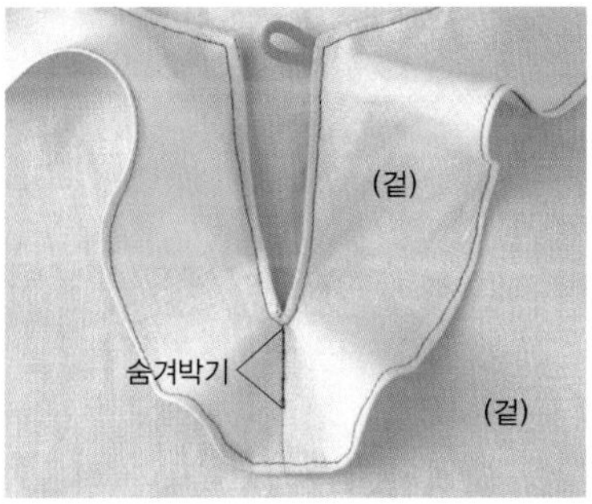
(겉)
숨겨박기
(겉)

목 프릴의 앞 중심에 3cm 숨겨박기를 한다. 오른쪽 앞 몸판에 단추를 달아 완성한다. ※숨겨박기란 박음선 위로 바늘을 넣어 박는 방법으로 박음선이 보이지 않는다.

니트 바느질

신축성 있는 니트 천은 오버로크 재봉틀을 사용하는 것이 가장 좋지만,
가정용 재봉틀로도 니트용 실과 바늘을 사용해 박을 수 있다.
천은 골지 니트나 파일직, 저지 등 장력이 낮은(너무 늘어나지 않는) 천을 사용하면
초보자도 손쉽게 박을 수 있다. 재봉틀로 박을 때는 일반보다 바늘땀을
좁게 설정하고(1땀 0.2cm 정도), 천을 앞뒤로 잡아당기며 박는다.

천 끝 마무리

❶0.2cm 안쪽에 지그재그 박기 한다.

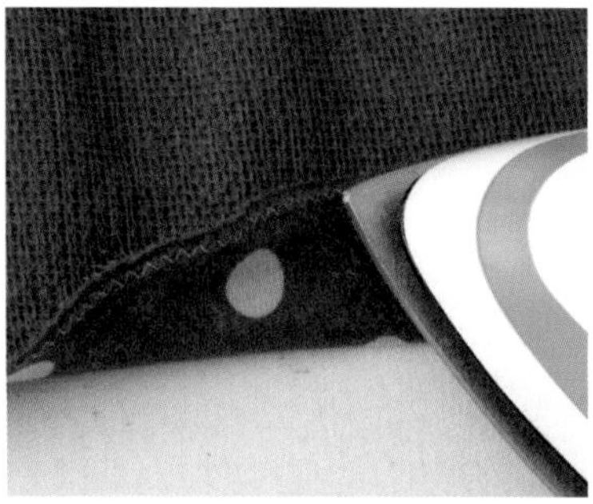

❷천이 늘어나 물결친 부분에 가볍게 스팀을 쐬어 모양을 잡는다.

❸깔끔하게 원래대로 되돌렸다. 천을 늘이지 않게 주의하자.

길이가 다른 파트의 맞춰 박기

고무단

❶소맷부리나 밑단의 이음 고무단(리브), 티셔츠의 목 천 등은 몸판의 다는 치수보다 길이가 짧게 되어 있다.

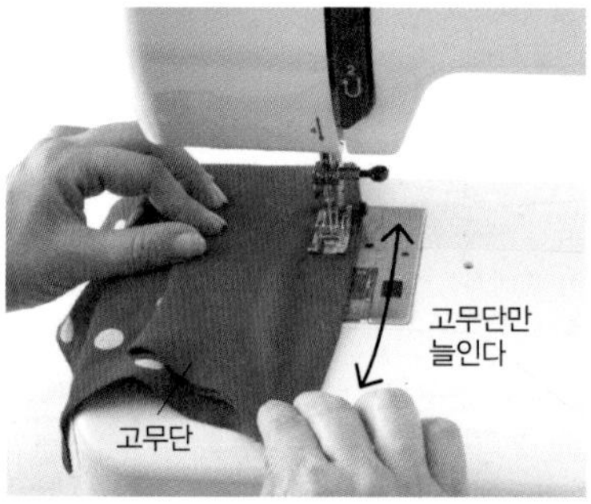
고무단만
늘인다
고무단

❷2장의 천을 겉끼리 맞대어 맞춤 표시를 맞추고, 고무단을 늘이면서 박는다. ※원통으로 된 경우도 고무단 쪽(짧은 파트)을 위로 하는 편이 박기 쉽다.

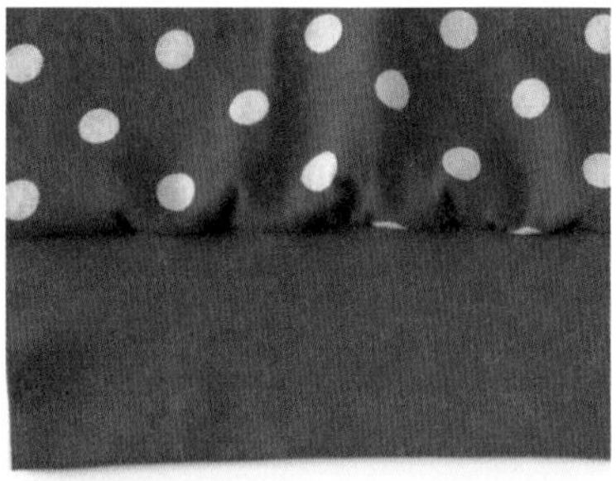

❸맞춰 박았다. 천 끝의 물결친 부분도 세탁하면 솔기도 천도 모양이 잡힌다.

memo

실 끊김을 방지하려면 바늘 2개 오버로크 봉제가 좋다(사진은 바늘 2개, 실 4가닥). 박음질 시작과 마지막은 천 없이 박아서 실 끝을 남기고(공회전) 마무리한다.

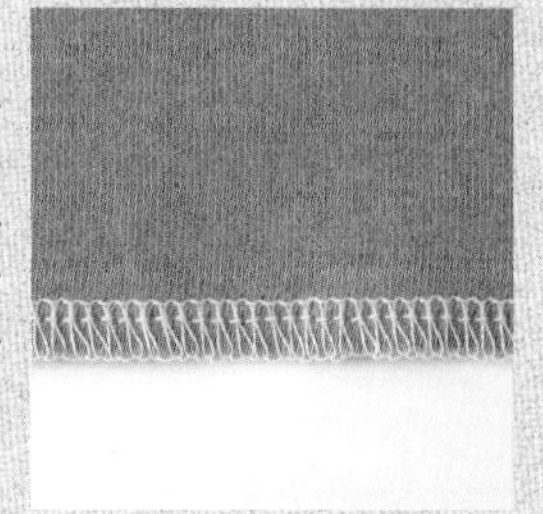

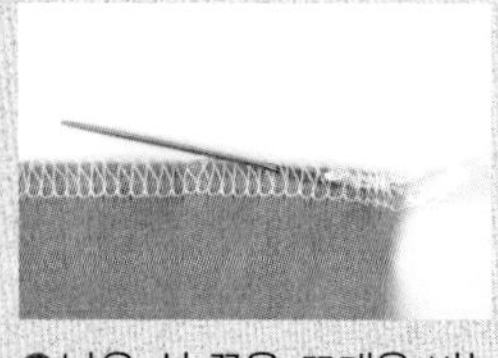

❶남은 실 끝을 뜨개용 바늘에 끼우고, 맞춰 박은 천이나 바늘땀 사이에 끼워 넣는다.

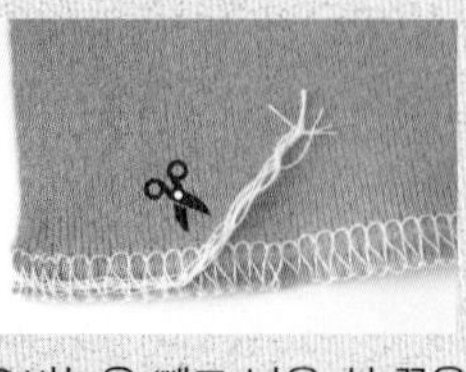

❷바늘을 빼고 남은 실 끝을 자른다.

바느질의 기초

- 만드는 법 그림 안의 숫자는 cm 단위로 표기했다.
- 이 책의 옷본에는 시접이 포함되지 않았다. 재단 배치도를 참고해 시접을 추가하자.
- 재단 배치도는 100 사이즈의 배치를 예로 표기했다. 다른 사이즈의 경우 조정이 필요한 경우가 있다.
- 재료의 옷감 치수는 무늬를 맞추지 않는 경우이다. 무늬를 맞출 경우 10~20% 많이 준비하자.
- 재료에 표기한 고무줄 치수는 1~1.5cm의 시접 겹침 분량을 포함했다.
  이 치수를 기준으로 아이에게 맞춰 조정하자.
- 완성 치수의 옷 길이는 뒤 중심의 목둘레에서 밑단까지, 팬츠 총길이는 앞 길이, 스커트 길이는 뒤 길이(벨트 포함)를 기재했다.

step 1 사이즈를 고르자

이 책에서는 키 90~140cm 사이즈의 옷 패턴(옷본)을 게재했다.
각 사이즈의 패턴은 아래 표의 표준 체형(누드 치수)을 기준으로 만들었다.
기본적으로 키·가슴둘레·엉덩이둘레를 토대로 사이즈를 고르고, 소매길이나 옷 길이는 아이에 맞춰 조정하자.

사이즈	나이	키	가슴둘레	허리둘레	엉덩이둘레	어깨 폭	등 길이	소매길이	밑위	밑아래	머리둘레	몸무게
90	2~3세	85~95	50	48	54	24	23	29	19	35	50	14
100	3~4세	95~105	53	51	56	27	27	33	20	40	50	16.8
110	5~6세	105~115	58	53	62	29	29	38	21	44	52	20.3
120	7~8세	115~125	63	56	66	31	32	40	22	53	53	24.8
130	9~10세	125~135	67	58	72	34	34	43	23	58	54	30.6
140	11~12세	135~145	72	58	75	36	36	46	24	60	54	37.2

※모델 여자아이는 클라라(p.4·10·26·28·38·40 게재)가 키 109cm로 110cm 사이즈를 착용,
노나(남은 전부)가 키 102cm로 100cm 사이즈를 착용했다.

step 2 천을 고르자

처음 만드는 옷은 책의 작품에 가까운 천으로 만들면 실패가 적다.
무늬 있는 것보다 무지로 결이 촘촘한 천이 박기 편해 추천.
익숙해지면 체크 원단이나 무늬가 큰 천에도 도전하고,
계절이나 장소에 맞춰 천을 고르는 재미를 느껴보자.

선세탁에 대하여

목면이나 마 등 물에 담그면 줄어드는 천은 미리 물에 담가 수축시켜두면 완성 후 천이 틀어질 염려가 없다. 간단한 선세탁 방법은 세탁 망에 천을 넣고, 세제 없이 세탁기로 빨든지, 하룻밤 물에 담가 가볍게 탈수시키고, 모양을 정돈해 그늘진 곳에서 반건조시킨 후 올을 수직 방향으로 정돈하며 다림질한다.

step
3 재봉실과 재봉 바늘 고르는 법

아래 표를 참고해 천에 적합한 재봉실과 재봉 바늘을 사용하자.
재봉실은 번수가 커질수록 가늘고, 재봉 바늘은 반대로 번수가 커질수록 굵다.
니트 천을 박을 때는 나일론 실 등 니트용 실과 끝이 둥근 니트 전용 바늘이 안심되지만,
없는 경우는 일반 새 바늘로 바늘땀을 촘촘히 박는 방법도 있다.

천 종류	재봉실	재봉 바늘
얇은 천(론, 보일…)	90번	7·9번
일반 천(리넨, 브로드…)	60번	9·11번
두꺼운 천(데님, 울…)	30번	11·14번
니트 천(파일직, 저지…)	니트용 실	니트용 바늘 9·11번

※여기서는 가정용 재봉틀에서 사용하는 실을 소개했다.

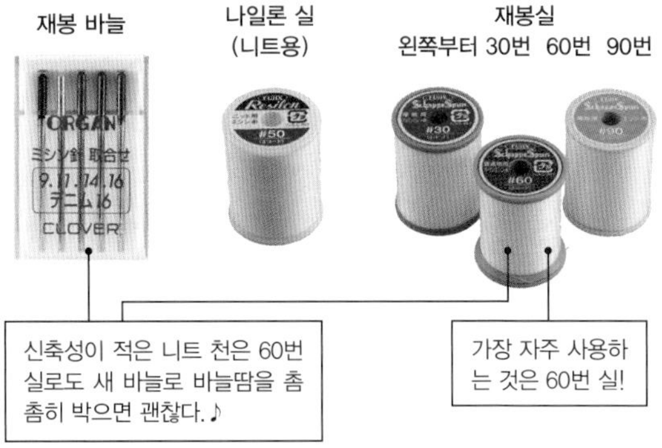
재봉 바늘
나일론 실
(니트용)
재봉실
왼쪽부터 30번 60번 90번
신축성이 적은 니트 천은 60번 실로도 새 바늘로 바늘땀을 촘촘히 박으면 괜찮다.♪
가장 자주 사용하는 것은 60번 실!

step
4 시접 넣은 옷본을 만들자

수록된 실물 대형 옷본은 복수의 선이 겹쳐져 인쇄되어 있기 때문에, 미리 형광펜 등으로 부분적으로 표시해두면 좋다.
선이 비쳐 베끼기 쉬운 큰 패턴지를 문진으로 누르고, 자와 연필(또는 샤프펜슬)을 사용해 베낀다.

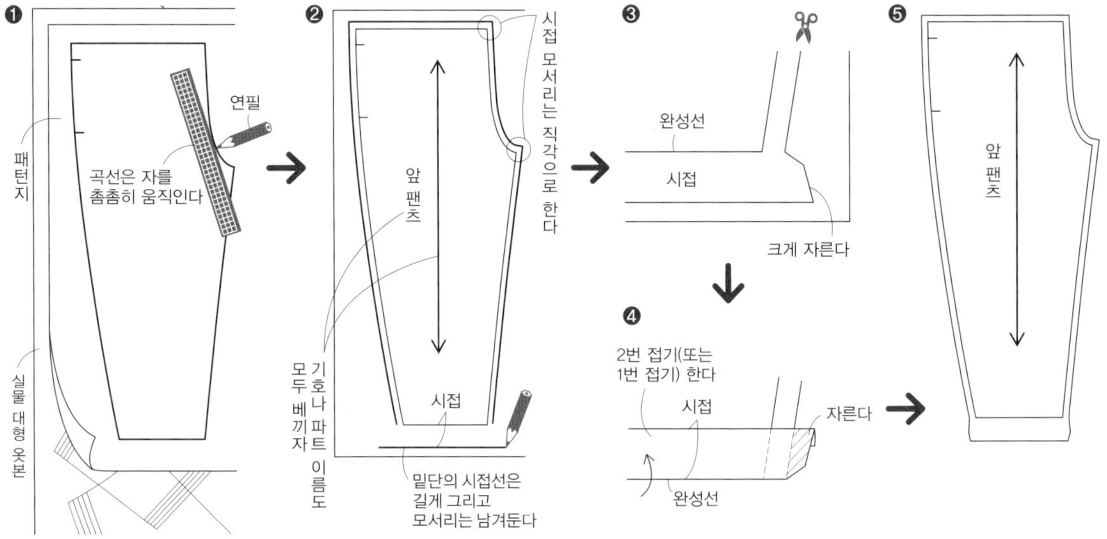
❶
연필
패턴지
곡선은 자를 촘촘히 움직인다
실물 대형 옷본
❷
시접 모서리는 직각으로 한다
앞 팬츠
기호나 파트 이름도 모두 베끼자
시접
밑단의 시접선은 길게 그리고 모서리는 남겨둔다
❸
완성선
시접
크게 자른다
❹
2번 접기(또는 1번 접기) 한다
시접
자른다
완성선
❺
앞 팬츠

❶실물 대형 옷본의 선을 패턴지에 베낀다
❷재단 배치도를 참조해 지정된 시접을 평행으로 넣는다(모눈자를 사용하면 편리).
❸시접에서 패턴지를 자른다. 밑단을 2번 접기(또는 1번 접기)로 마무리하는 경우는 모서리 시접을 크게 남기고 자른다
❹밑단 시접을 완성선에서 접어 2번 접기(또는 1번 접기) 하고, 튀어나온 부분을 자른다
❺시접 넣은 패턴 완성이다

step
5 천을 자르고, 표시를 하자

재단 배치도를 참조해 천 위에 옷본을 배치하고, 모든 파트가 있는 것을 확인한 뒤 옷본을 시침핀으로 고정하고 천을 자른다.
자른 후, 옷본을 떼기 전에 표시하는 것도 잊지 말자!

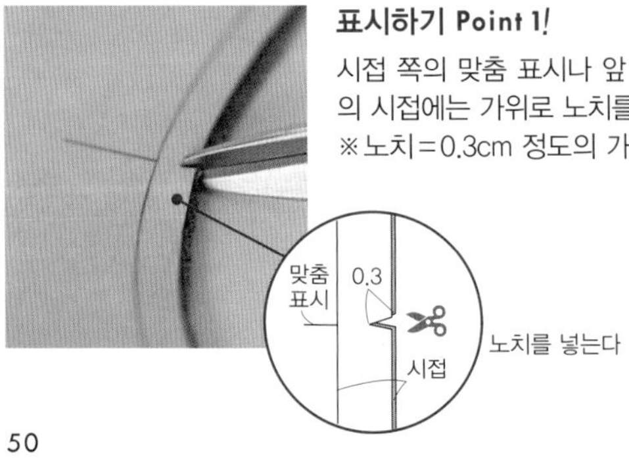
맞춤 표시
0.3
시접
노치를 넣는다

표시하기 Point 1!

시접 쪽의 맞춤 표시나 앞·뒤 중심의 시접에는 가위로 노치를 넣는다.
※노치=0.3cm 정도의 가위집

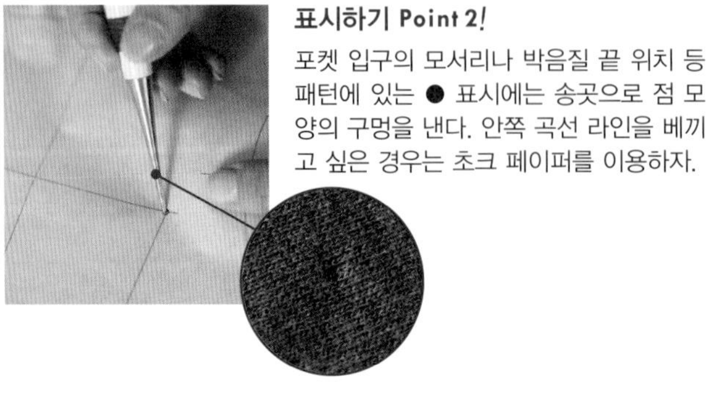

표시하기 Point 2!

포켓 입구의 모서리나 박음질 끝 위치 등 패턴에 있는 ● 표시에는 송곳으로 점 모양의 구멍을 낸다. 안쪽 곡선 라인을 베끼고 싶은 경우는 초크 페이퍼를 이용하자.

step
6 박기 전 약간의 사전 준비

❶ 접착심지는 모두 먼저 붙여둔다

파트 전체에 심지를 붙일 때는 옷본보다 조금 크게 천을 가재단해 심지를 붙인 뒤, 한 번 더 옷본을 놓고 재단해 수정한다. 대는 종이는 트레이싱페이퍼를 사용하면 아래 파트가 비치고, 작업하기 편해 추천한다. 처음에 조각 천 등으로 시험 삼아 붙여본 뒤 천에 붙이자. 접착심지가 테이프 모양으로 된 늘어짐 방지 테이프도 같은 방법으로 붙인다.

A

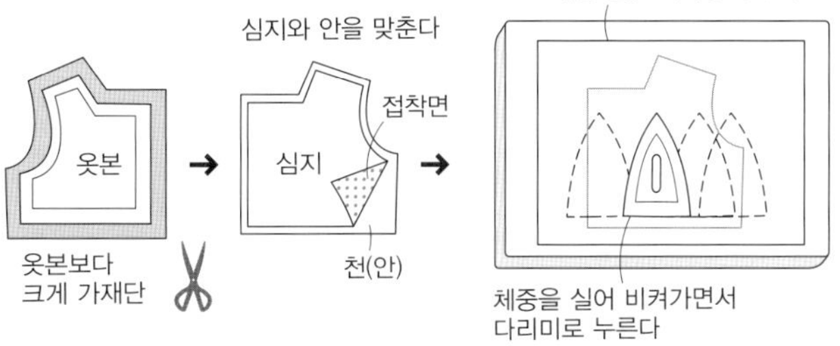

심지와 안을 맞춘다
옷본
심지
접착면
천(안)
옷본보다
크게 가재단
대는 천(트레이싱페이퍼)
체중을 실어 비켜가면서
다리미로 누른다

B

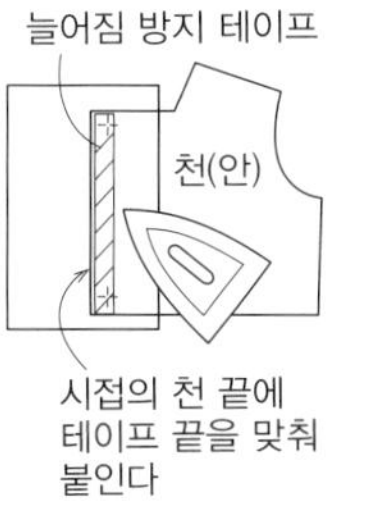

늘어짐 방지 테이프
천(안)
시접의 천 끝에
테이프 끝을 맞춰
붙인다

❷ 시접의 다림질 처리도 먼저 마무리하고

밑단이나 소맷부리의 2번 접기 등의 다림질은 박기 전 평평한 상태일 때 해두면, 나중의 과정이 편해진다. 다림질용 자를 사용하는 것도 추천한다.

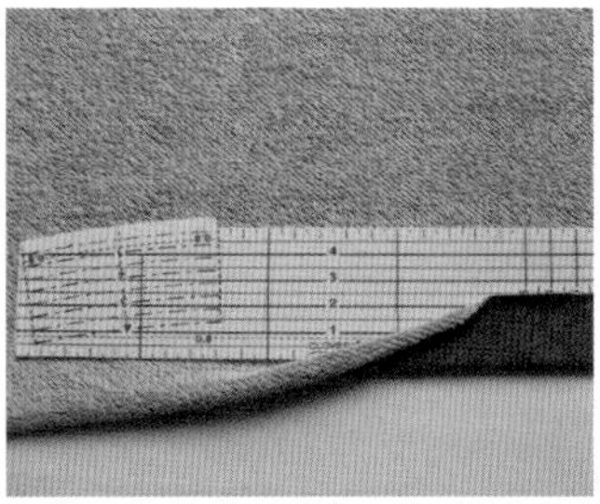

❸ 재봉틀의 바늘판 눈금을 확인!

완성선을 천에 그리지 않고, 재봉틀의 바늘판 눈금을 이용해 천 끝을 맞춰 박으면 시접을 일정한 폭으로 박을 수 있다. 바늘판에 눈금이 없는 경우나 구분하기 어려운 경우는 바늘부터의 거리를 자로 재고, 테이프로 표시하자.

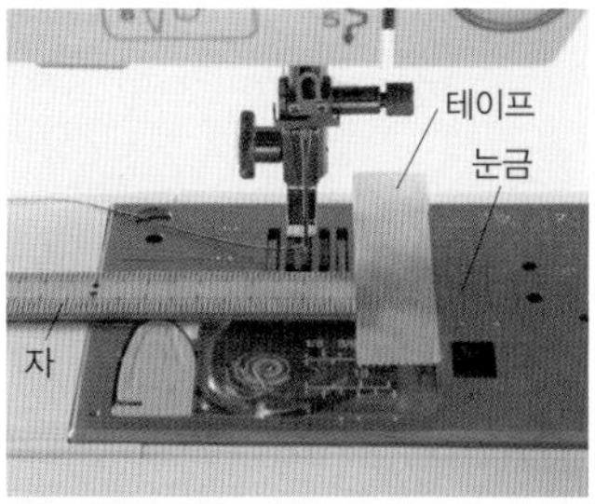

테이프
눈금
자

유카의 원 포인트 레슨

단춧구멍을 만든다

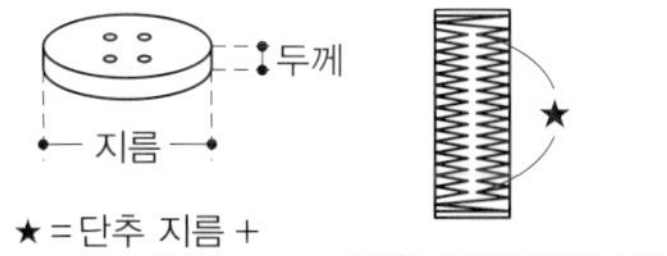

두께
지름
★

★ = 단추 지름 + 단추 두께 (0.2cm 정도)

단춧구멍의 안지름을 ★cm로 설정한다

Point!
단춧구멍을 만들 때는 반드시 자투리 천으로 시험 삼아 박아보기! 2회 겹쳐 박으면 바늘땀이 채워져 예쁘게 완성된다.

Point!
단춧구멍의 구멍을 자르기 전에 올 풀림 방지액을 발라두면 실이 풀리지 않고 깔끔하게 완성된다.

턱을 접는다

사선의 높은 쪽에서 낮은 쪽으로 접는다. 오른쪽 그림의 경우는 A선 위에 A'선을 겹친다.

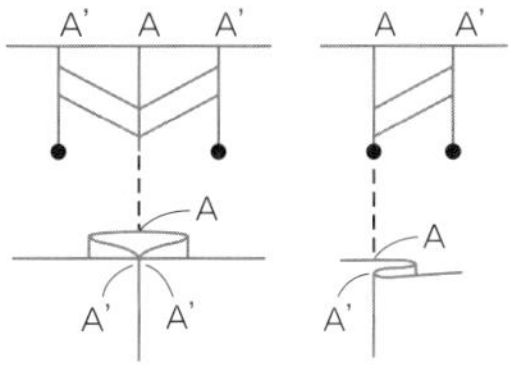

A'
A
A'
A
A'
A
A'
A'
A
A'

Point!
옷본을 베낄 때 사선도 잊지 말고 베끼자!

개더를 잡는다

시접 안에 성긴 바늘땀의
개더 박기를 2줄 평행으로 한다(0.4／1땀)

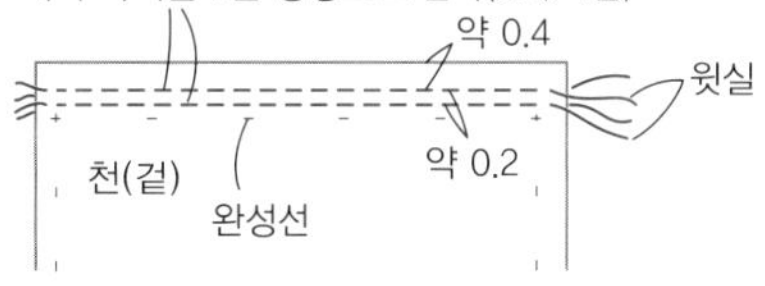

약 0.4
윗실
약 0.2
천(겉)
완성선

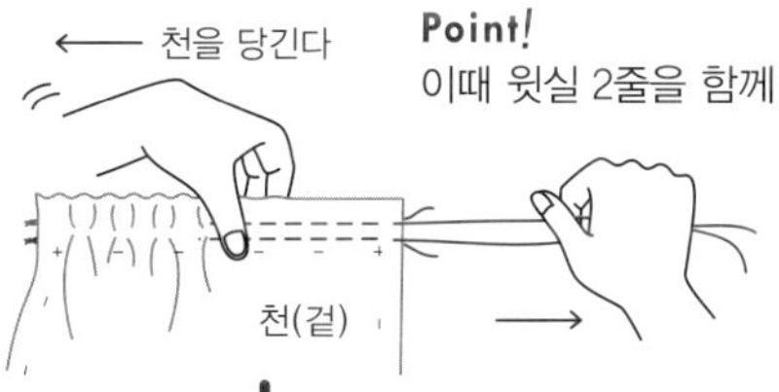

천을 당긴다
천(겉)

Point!
이때 윗실 2줄을 함께 당긴다.

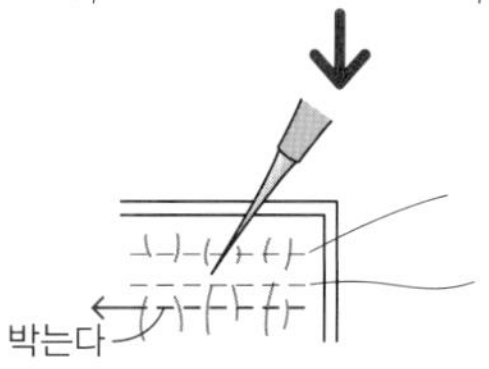

박는다

Point!
맞춰 박을 때는 개더 쪽을 위쪽으로 하여 송곳 끝으로 정돈하며 박는다.

no.01 프릴 칼라 블라우스

p.04／실물 대형 옷본 F면

【재료】(※치수는 왼쪽부터 90／100／110／120／130／140 사이즈)
겉감(네이비 퍼플 코튼 리넨) 105cm 폭…105／110／115／120／125／130cm
폭 6mm 고무줄…18／19／20／21／22／23cm 2개
13mm 플라스틱 똑딱단추…3쌍

사이즈	90	100	110	120	130	140
가슴둘레	81.4	85.4	89.4	93.4	97.4	101.4
옷 길이	36.8	39.8	42.8	45.8	48.8	51.8
소매길이	9	10	11	12	13	14

박는 순서

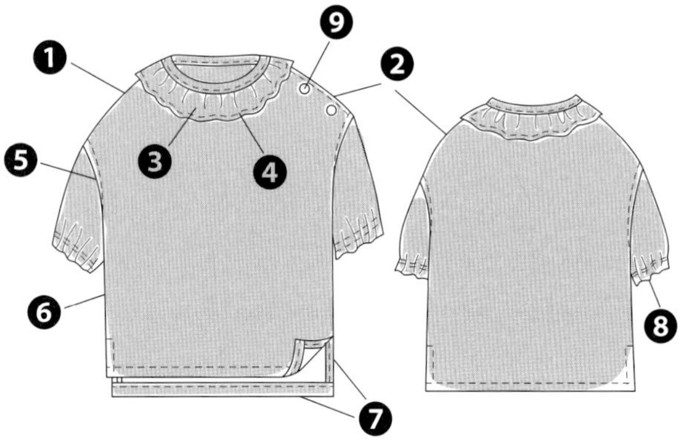

❶
❷
❸
❹
❺
❻
❼
❽
❾

재단 배치도

※천 겉면에 옷본을 배치하고 자른다
※지정된 시접 이외는 1cm
※치수는 위부터 90／100／110／120／130／140 사이즈

〈겉감〉

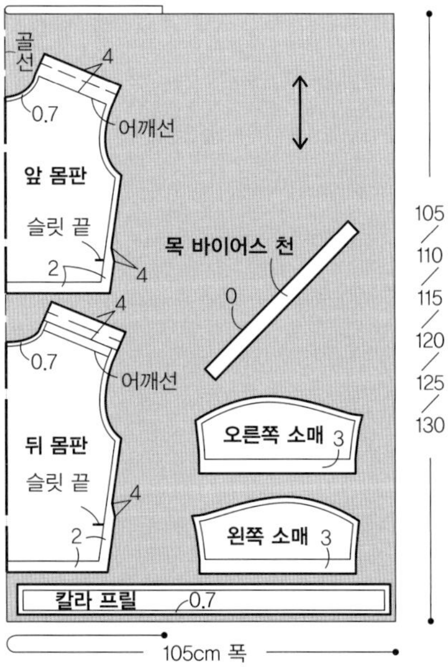

골선
4
0.7
어깨선
앞 몸판
슬릿 끝
2
4
목 바이어스 천
0
4
0.7
어깨선
뒤 몸판
슬릿 끝
4
2
오른쪽 소매 3
왼쪽 소매 3
칼라 프릴 0.7
105／110／115／120／125／130
105cm 폭

【박는 포인트】
한쪽 어깨만 트는 디자인이므로 좌우가 틀리지 않게 주의하여 완성한다. 프릴 부분은 눈에 띄는 곳이니 모서리 처리까지 신경 쓰고, 바이어스 처리는 시침질해 공들여 완성한다. 옆에는 슬릿 트임이 있고, 소맷부리에는 고무줄을 넣는다.

【박는 순서】
❶몸판의 오른쪽 어깨를 그림처럼 자른다.
❷왼쪽 어깨를 2번 접고, 오른쪽 어깨를 박는다.
❸칼라 프릴을 만든다.
❹칼라 프릴에 개더를 잡아 몸판에 달고, 목둘레를 바이어스로 마무리.
❺왼쪽 어깨를 겹치고, 몸판에 소매를 단다.
❻소매 밑과 옆을 연결해 박는다.
❼슬릿과 밑단을 2번 접어 스티치한다.
❽소맷부리를 2번 접어 스티치하고, 고무줄을 끼운다.
❾왼쪽 어깨에 플라스틱 똑딱단추를 달아 완성.

❶몸판의 오른쪽 어깨를 그림처럼 자른다

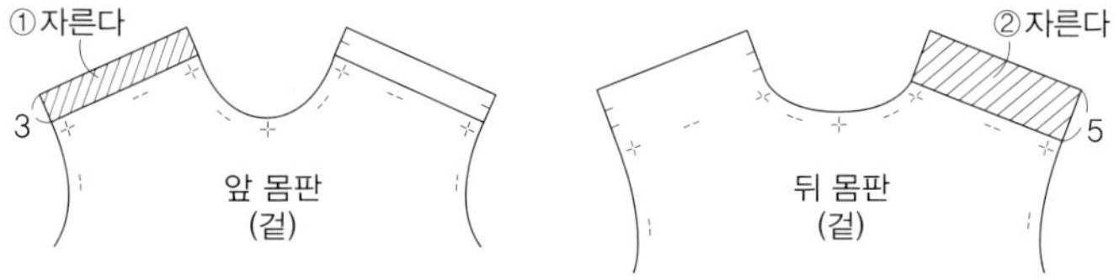

①자른다
3
앞 몸판
(겉)
②자른다
5
뒤 몸판
(겉)

❷왼쪽 어깨를 2번 접고, 오른쪽 어깨를 박는다

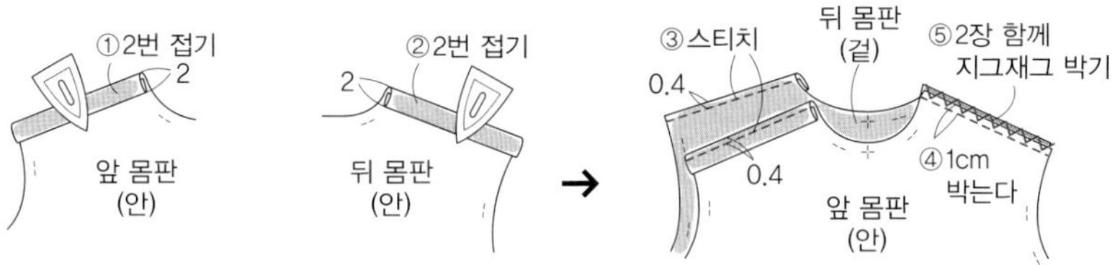

①2번 접기
2
앞 몸판
(안)
②2번 접기
2
뒤 몸판
(안)
③스티치
0.4
뒤 몸판
(겉)
⑤2장 함께
지그재그 박기
④1cm
박는다
0.4
앞 몸판
(안)

❸칼라 프릴을 만든다

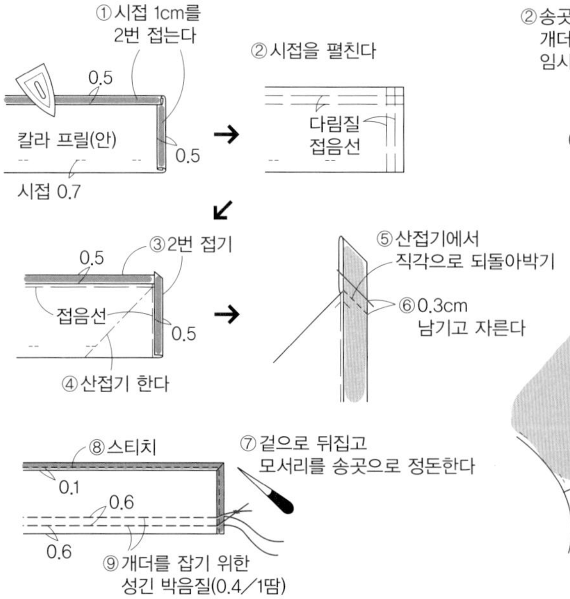

①시접 1cm를
2번 접는다
0.5
칼라 프릴(안)
0.5
시접 0.7
②시접을 펼친다
다림질
접음선
0.5
③2번 접기
접음선
0.5
④산접기 한다
⑤산접기에서
직각으로 되돌아박기
⑥0.3cm
남기고 자른다
⑧스티치
0.1
0.6
0.6
⑨개더를 잡기 위한
성긴 박음질(0.4／1땀)
⑦겉으로 뒤집고
모서리를 송곳으로 정돈한다

❹칼라 프릴을 달고, 목둘레를 마무리한다

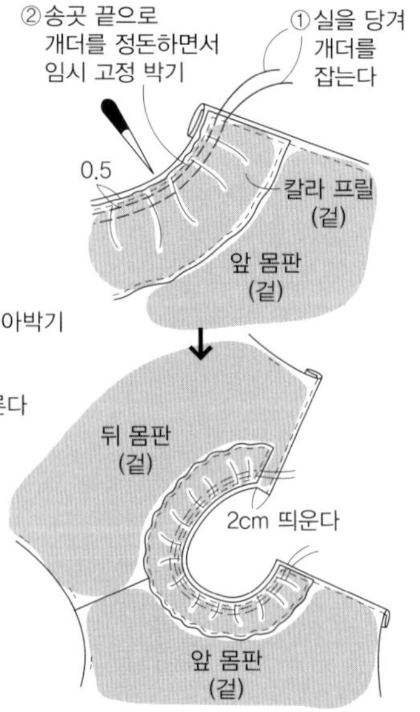

②송곳 끝으로
개더를 정돈하면서
임시 고정 박기
①실을 당겨
개더를
잡는다
0.5
칼라 프릴
(겉)
앞 몸판
(겉)
뒤 몸판
(겉)
2cm 띄운다
앞 몸판
(겉)

※P.53으로 이어진다

❹의 계속

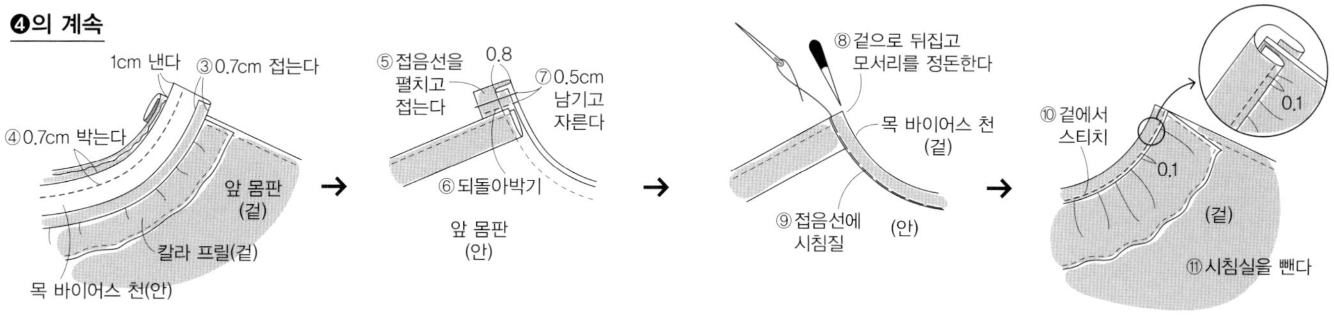
1cm 낸다
③0.7cm 접는다
④0.7cm 박는다
앞 몸판
(겉)
칼라 프릴(겉)
목 바이어스 천(안)
⑤접음선을 펼치고 접는다
0.8
⑦0.5cm 남기고 자른다
⑥되돌아박기
앞 몸판
(안)
⑧겉으로 뒤집고 모서리를 정돈한다
목 바이어스 천
(겉)
⑨접음선에 시침질
(안)
⑩겉에서 스티치
0.1
0.1
(겉)
⑪시침실을 뺀다

❺왼쪽 어깨를 겹치고, 몸판에 소매를 단다

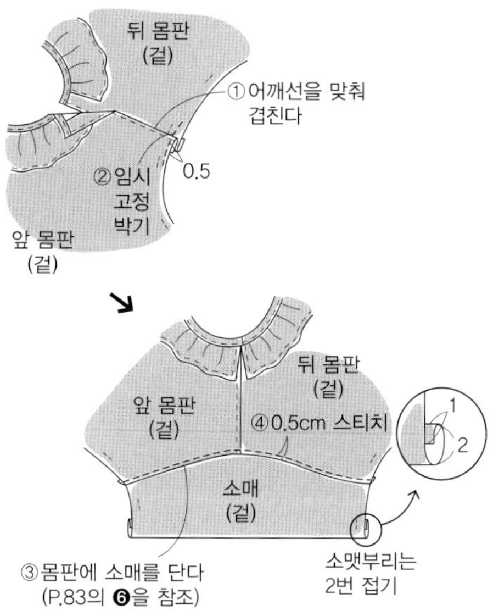
뒤 몸판
(겉)
①어깨선을 맞춰 겹친다
②임시 고정 박기
0.5
앞 몸판
(겉)
뒤 몸판
(겉)
앞 몸판
(겉)
④0.5cm 스티치
1
2
소매
(겉)
③몸판에 소매를 단다
(P.83의 ❻을 참조)
소맷부리는
2번 접기

❻소매 밑과 옆을 연결해 박는다

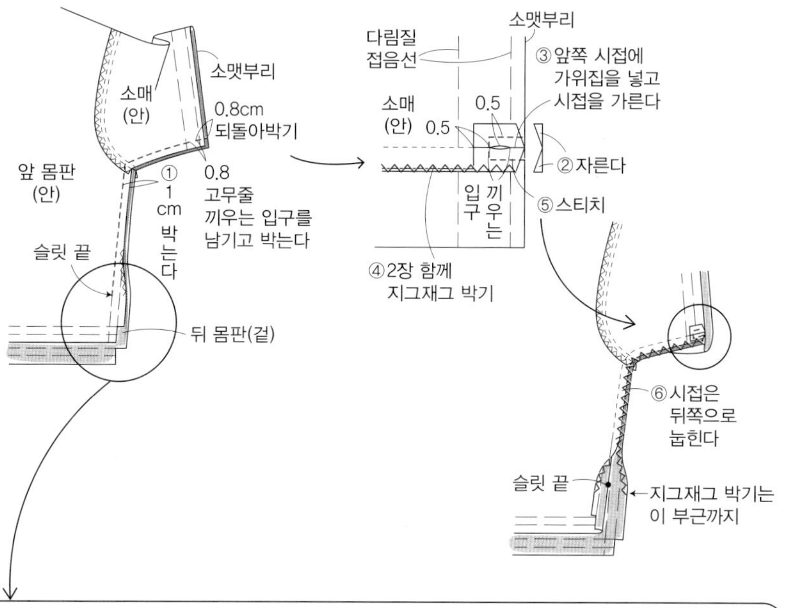
소맷부리
소매
(안)
0.8cm
되돌아박기
앞 몸판
(안)
①1cm 박는다
0.8
고무줄 끼우는 입구를 남기고 박는다
슬릿 끝
뒤 몸판(겉)
다림질
접음선
소맷부리
③앞쪽 시접에 가위집을 넣고 시접을 가른다
소매
(안)
0.5
0.5
②자른다
끼우는 입구
⑤스티치
④2장 함께 지그재그 박기
⑥시접은 뒤쪽으로 눕힌다
슬릿 끝
지그재그 박기는 이 부근까지

옆 슬릿 부분과 밑단의 다림질 처리

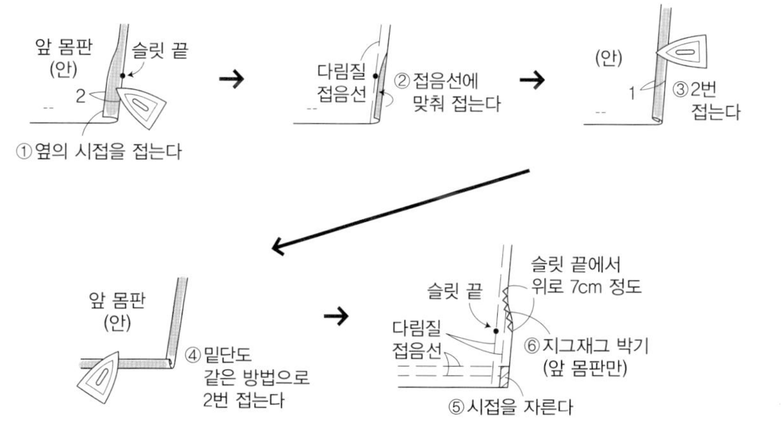
앞 몸판
(안)
슬릿 끝
2
①옆의 시접을 접는다
다림질
접음선
②접음선에 맞춰 접는다
(안)
1
③2번 접는다
앞 몸판
(안)
④밑단도 같은 방법으로 2번 접는다
슬릿 끝
슬릿 끝에서 위로 7cm 정도
다림질
접음선
⑥지그재그 박기
(앞 몸판만)
⑤시접을 자른다

⑦뒤 몸판도 같은 방법으로 시접을 접고, 자른다

❼슬릿과 밑단을 마무리한다

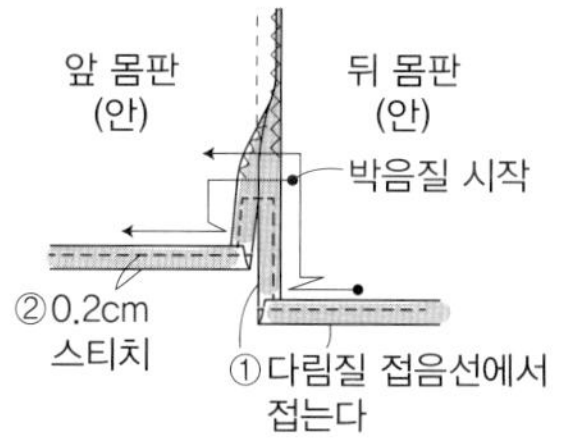
앞 몸판
(안)
뒤 몸판
(안)
박음질 시작
②0.2cm 스티치
①다림질 접음선에서 접는다

❽소맷부리를 마무리한다

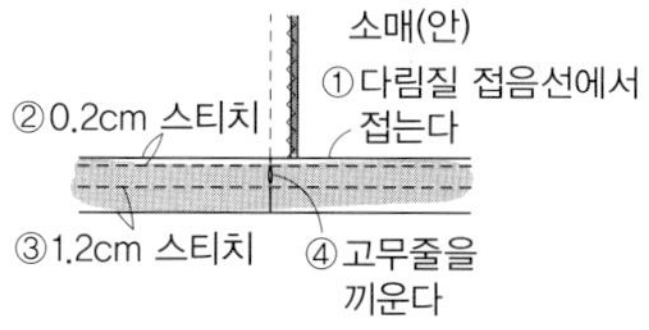
소매(안)
①다림질 접음선에서 접는다
②0.2cm 스티치
③1.2cm 스티치
④고무줄을 끼운다

33 no.33 스탠드 칼라 블라우스

p.40／실물 대형 옷본 F면

【재료】(※치수는 왼쪽부터 90／100／110／120／130／140 사이즈)
겉감(퍼플 가는 골 코듀로이) 105cm 폭…105／110／115／120／125／130cm
폭 6mm 고무줄…13／14／15／16／17／18cm 2개
13mm 플라스틱 똑딱단추…3쌍

사이즈	90	100	110	120	130	140
가슴둘레	81.4	85.4	89.4	93.4	97.4	101.4
옷 길이	36.8	39.8	42.8	45.8	48.8	51.8
소매길이	25.7	29.7	33.7	37.7	41.7	45.7

【박는 포인트】
한쪽 어깨만 트는 디자인이므로 좌우가 틀리지 않게 주의하여 완성한다. 프릴 부분은 눈에 띄는 곳이니 모서리 처리까지 신경 쓴다. 옆에는 슬릿 트임이 있고, 소맷부리에는 고무줄을 넣는다.

【박는 순서】
❶몸판의 오른쪽 어깨를 자른다(P.52의 ❶을 참조).
❷왼쪽 어깨를 2번 접고, 오른쪽 어깨를 박는다(P.52의 ❷를 참조).
❸칼라 프릴을 만든다(P.52의 ❸을 참조).
❹칼라 프릴에 개더를 잡아 몸판을 박고, 목둘레를 바이어스 천으로 마무리한다.
❺왼쪽 어깨를 겹치고, 몸판에 소매를 단다(P.53의 ❺를 참조).
❻소매 밑과 옆을 연결해 박는다(P.53의 ❻을 참조).
❼슬릿과 밑단을 2번 접어 스티치한다(P.53의 ❼을 참조).
❽소맷부리를 2번 접어 스티치하고, 고무줄을 끼운다(P.53의 ❽을 참조).
❾왼쪽 어깨에 플라스틱 똑딱단추를 달아 완성.

박는 순서

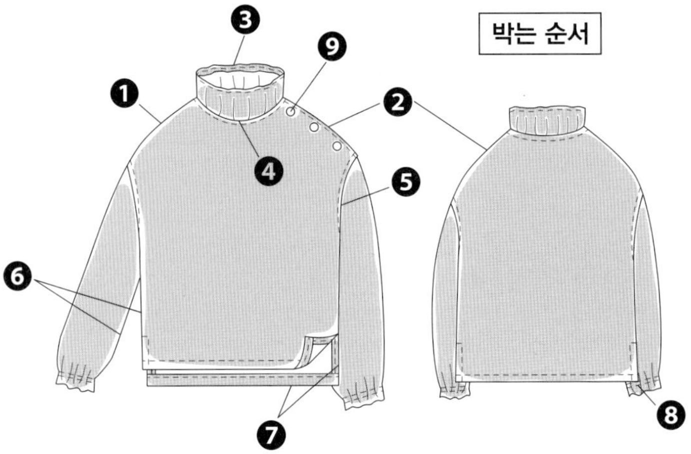
❶
❷
❸
❹
❺
❻
❼
❽
❾

재단 배치도

※천 겉면에 옷본을 배치하고 자른다
※지정된 시접 이외는 1cm
※치수는 위부터 90／100／110／120／130／140 사이즈

〈겉감〉

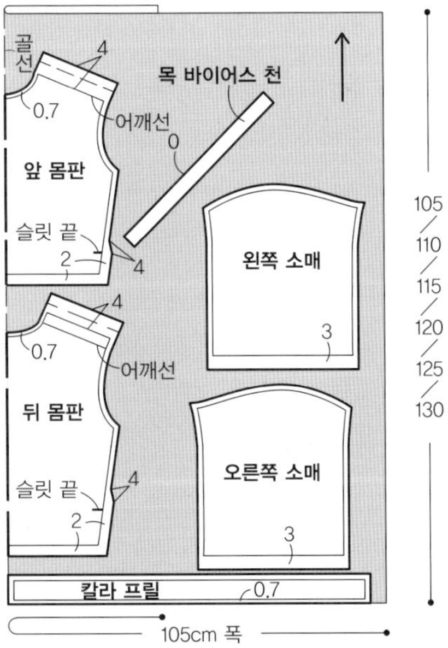
골선
4
0.7
어깨선
목 바이어스 천
0
앞 몸판
슬릿 끝
2
4
왼쪽 소매
3
0.7
어깨선
뒤 몸판
슬릿 끝
2
4
오른쪽 소매
3
칼라 프릴
0.7
105／110／115／120／125／130
105cm 폭

❹칼라 프릴을 달고, 목둘레를 마무리한다

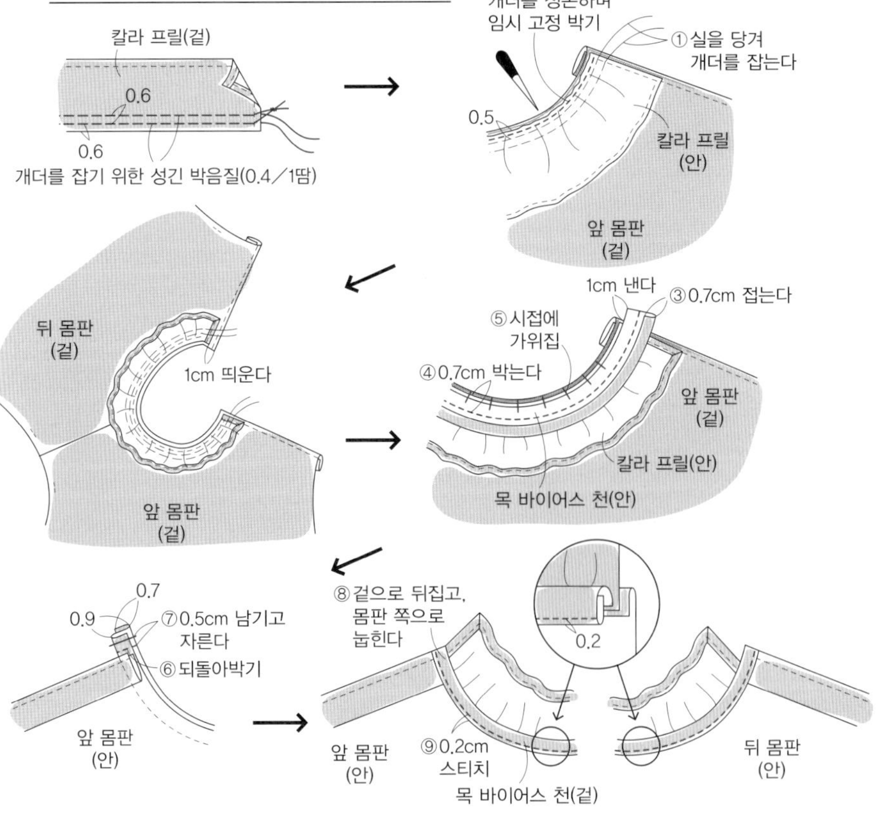
칼라 프릴(겉)
0.6
0.6
개더를 잡기 위한 성긴 박음질(0.4／1땀)
②송곳 끝으로
개더를 정돈하며
임시 고정 박기
①실을 당겨
개더를 잡는다
0.5
칼라 프릴
(안)
앞 몸판
(겉)
뒤 몸판
(겉)
1cm 띄운다
앞 몸판
(겉)
1cm 낸다
③0.7cm 접는다
⑤시접에
가위집
④0.7cm 박는다
앞 몸판
(겉)
칼라 프릴(안)
목 바이어스 천(안)
0.7
0.9
⑦0.5cm 남기고
자른다
⑥되돌아박기
앞 몸판
(안)
⑧겉으로 뒤집고,
몸판 쪽으로
눕힌다
0.2
앞 몸판
(안)
⑨0.2cm
스티치
목 바이어스 천(겉)
뒤 몸판
(안)

3 no.03 리넨 프릴 원피스

p.06／실물 대형 옷본 A면

【재료】(※치수는 왼쪽부터 90／100／110／120／130／140 사이즈)
겉감(페일 그린 리넨) 110cm 폭…90／95／100／105／110／140cm
다른 천(꽃무늬 프린트)…40×40cm
접착심지(앞 포켓 입구의 시접…포켓 입구의 바대 분량) 20×10cm
지름 12mm 단추…1개
폭 15mm 리크랙 테이프…90~130은 30cm, 140은 32cm

사이즈	90	100	110	120	130	140
가슴둘레	64.7	68.7	72.7	76.7	80.7	84.7
옷 길이	50.8	55.8	60.8	65.8	70.8	75.8
소매길이	25.3	28.3	31.3	34.3	37.3	40.3

【박는 포인트】
목 프릴은 안쪽이 보여도 깔끔하게 쌈솔과 2번 말아박기로 마무리. 몸판과 맞춰 박을 때도 천이 두꺼워지지 않게 어깨 시접 눕히는 방향에 주의하여 완성하자.

【박는 순서】
※박는 법은 P.44~47 레슨 페이지를 참조.
❶포켓을 만들고, 앞 몸판에 단다. 포켓의 턱을 접고, 리크랙 테이프를 끼워 스티치한다.
※포켓 입구는 힘이 실리므로 얇은 천의 경우 포켓 입구 안쪽에 접착심지를 붙인 바대를 대고 함께 박는다(P.96의 ❷를 참조).
❷몸판의 어깨를 쌈솔로 박는다.
❸진동 둘레를 진동 둘레 바이어스 천으로 마무리한다(안 바이어스 마무리).
❹목 프릴을 만든다.
❺앞트임의 천 고리를 만든다.
❻천 고리를 끼우고, 몸판에 목 프릴을 단다.
❼몸판의 옆을 쌈솔로 박는다.
❽밑단을 2번 접어 스티치한다.
❾목 프릴의 앞 중심에 숨겨박기를 하고, 단추를 달아 완성.

재단 배치도

※천 겉면에 옷본을 배치하고 자른다
※지정된 시접 이외는 1cm
※치수는 위부터 90／100／110／120／130／140 사이즈
※도트 부분은 접착심지를 붙인다 (P.51을 참조)

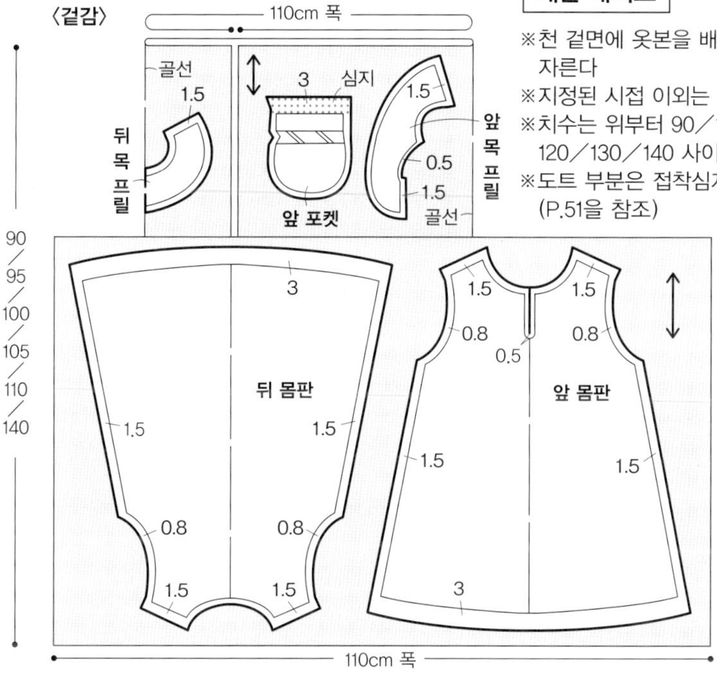
〈겉감〉
110cm 폭
골선
1.5
뒤 목 프릴
3
심지
앞 포켓
1.5
0.5
1.5
골선
앞 목 프릴
90／95／100／105／110／140
3
뒤 몸판
1.5
1.5
0.8
0.8
1.5
1.5
1.5
1.5
0.8
0.5
0.8
앞 몸판
1.5
1.5
3
110cm 폭

박는 순서

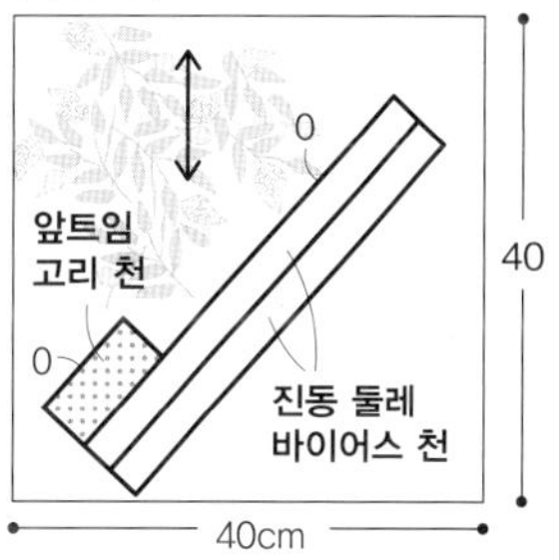
〈다른 천〉
0
앞트임 고리 천
0
진동 둘레 바이어스 천
40
40cm

천 고리 만드는 법

단추를 고정하는 고리나 벨트 고리 등에 사용하는 천 고리는 바이어스로 자른 천을 가는 원통형으로 박아 겉으로 뒤집어서 만든다. P.47 레슨에서는 시판하는 '원단 뒤집개'를 사용해 천을 겉으로 뒤집었지만, 여기서는 '원단 뒤집개'를 사용하지 않고 완성하는 방법을 소개한다.

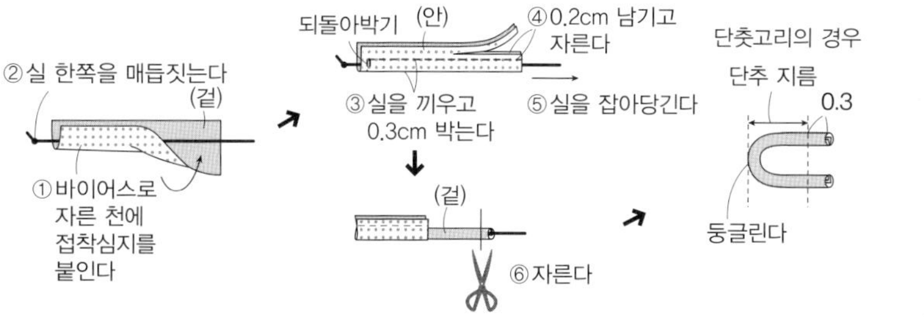
②실 한쪽을 매듭짓는다
(겉)
①바이어스로 자른 천에 접착심지를 붙인다
되돌아박기
(안)
④0.2cm 남기고 자른다
③실을 끼우고 0.3cm 박는다
⑤실을 잡아당긴다
(겉)
⑥자른다
단춧고리의 경우
단추 지름
0.3
둥글린다

2 no.02 쇼트 팬츠

p.04／실물 대형 옷본 A면

【재료】(※치수는 왼쪽부터 90／100／110／120／130／140 사이즈)
겉감(차콜 그레이 코튼) 110cm 폭…70／70／70／70／70／70cm
지름 20mm 단추…1개
폭 15mm 고무줄(소프트 타입)…42.5／44／46／48／50／52cm

사이즈	90	100	110	120	130	140
허리둘레	57.1	61.1	65.1	70.1	75.1	80.1
밑위(CF)	17.7	18.7	19.7	20.7	21.7	22.7
밑아래	5	5	5	5	5	5

【박는 포인트】
포켓이나 더블 밑단은 재봉틀로 박기만 하는 간단한 방법. 본격적으로 보이는 앞트임 부분은 민트임이라 바느질도 간단하다. 허리 부분은 본체와 연결되어 있어 단시간에 완성할 수 있다.

【박는 순서】
❶앞 팬츠에 포켓을 단다.
❷뒤 팬츠에 포켓을 단다.
❸뒤허리 이음천과 뒤 팬츠를 박는다.
❹앞뒤 팬츠의 옆을 박는다.
❺앞뒤 팬츠에 밑단 이음천을 단다.
❻밑아래를 박는다.
❼밑위를 박고, 민트임을 만든다.
❽허리를 2번 접어 스티치하고, 고무줄을 끼운다.
❾고무줄에 걸리지 않게 앞 허리에 장식 단추를 달아 완성.

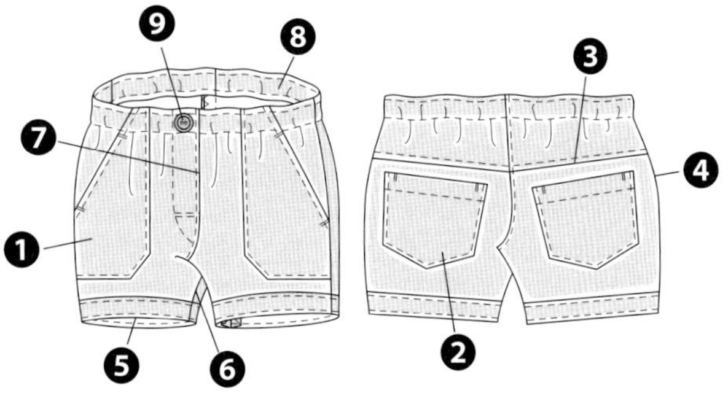

9
8
7
1
5
6
3
4
2

재단 배치도

※천 겉면에 옷본을 배치하고 자른다
※지정된 시접 이외는 1cm
※치수는 위부터 90／100／110／120／130／140 사이즈

〈겉감〉

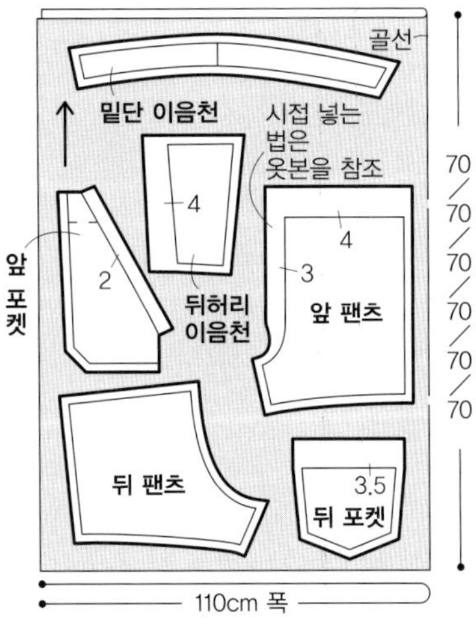

골선
밑단 이음천
시접 넣는 법은 옷본을 참조
4
앞 포켓
2
뒤허리 이음천
4
3
앞 팬츠
70／70／70／70／70／70
뒤 팬츠
3.5
뒤 포켓
110cm 폭

※P.8·22의 작품은 코듀로이 원단을 사용. 코듀로이는 천에 털이 있어서 손으로 쓸어보고 역모(털과 반대 방향)로 옷본을 맞춰 배치하고 자른다.

❶앞 팬츠에 포켓을 단다

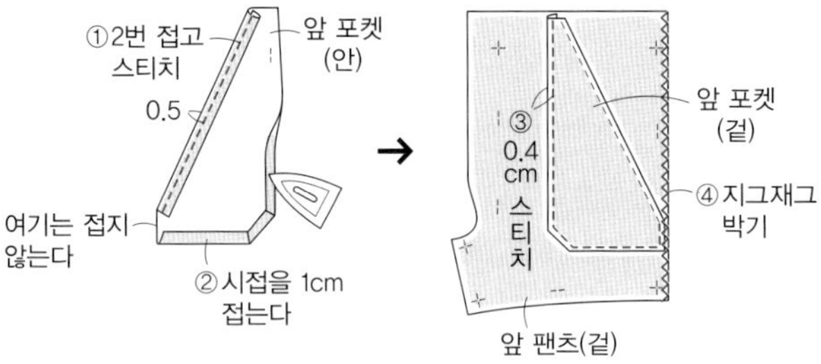

①2번 접고 스티치
앞 포켓 (안)
0.5
여기는 접지 않는다
②시접을 1cm 접는다
③ 0.4 cm 스티치
앞 포켓 (겉)
④지그재그 박기
앞 팬츠(겉)

❷뒤 팬츠에 포켓을 단다

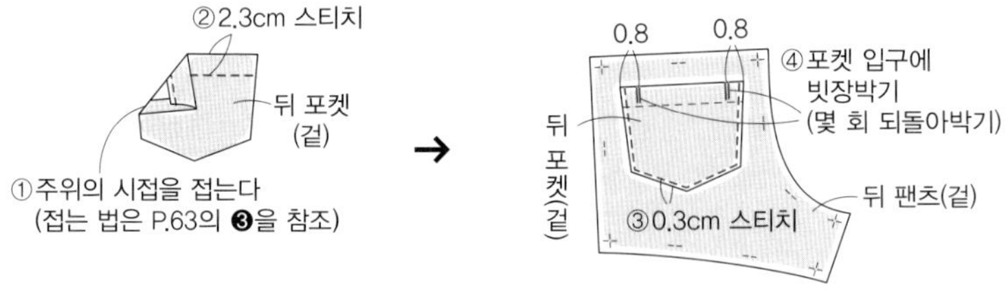

②2.3cm 스티치
뒤 포켓 (겉)
①주위의 시접을 접는다 (접는 법은 P.63의 ❸을 참조)
0.8
0.8
④포켓 입구에 빗장박기 (몇 회 되돌아박기)
뒤 포켓(겉)
뒤 팬츠(겉)
③0.3cm 스티치

❸뒤허리 이음천과 뒤 팬츠를 박는다

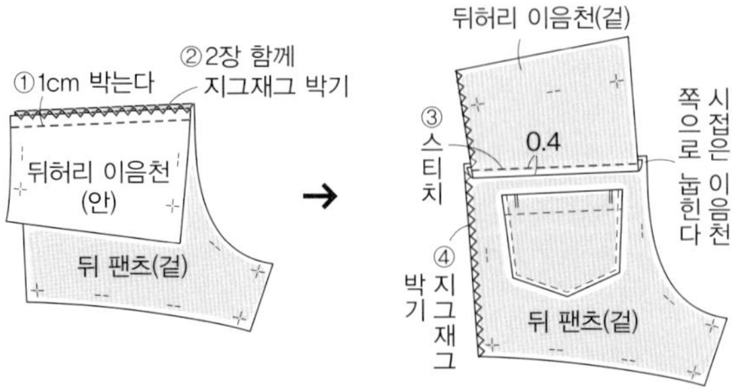

①1cm 박는다
②2장 함께 지그재그 박기
뒤허리 이음천 (안)
뒤 팬츠(겉)
뒤허리 이음천(겉)
③스티치
0.4
시접은 이음천 쪽으로 눕힌다
④지그재그 박기
뒤 팬츠(겉)

❹옆을 박는다

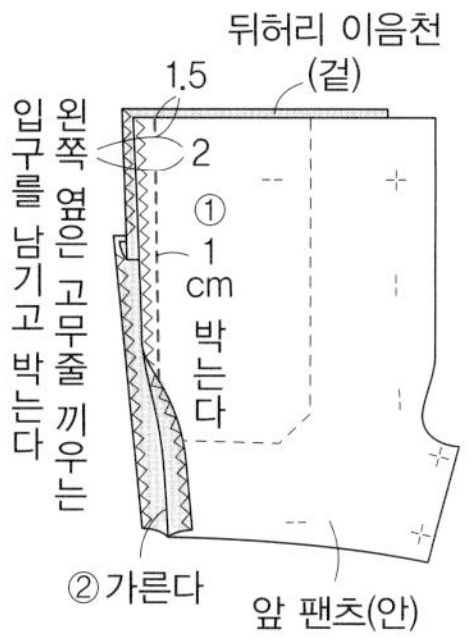
뒤허리 이음천
(겉)
1.5
2
왼쪽 옆은 고무줄 끼우는 입구를 남기고 박는다
① 1 cm 박는다
②가른다
앞 팬츠(안)

❺밑단 이음천을 단다

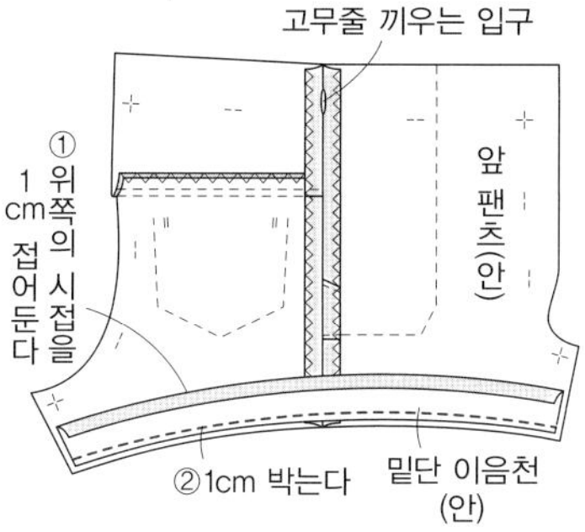
고무줄 끼우는 입구
① 1 cm 위쪽의 시접을 접어둔다
앞 팬츠(안)
②1cm 박는다
밑단 이음천
(안)

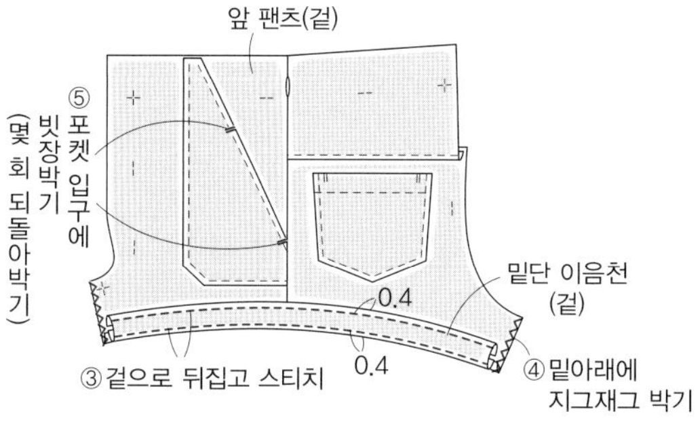
앞 팬츠(겉)
⑤ 포켓 입구에 빗장박기
(몇 회 되돌아박기)
밑단 이음천
(겉)
0.4
0.4
③겉으로 뒤집고 스티치
④밑아래에
지그재그 박기

❻밑아래를 박는다

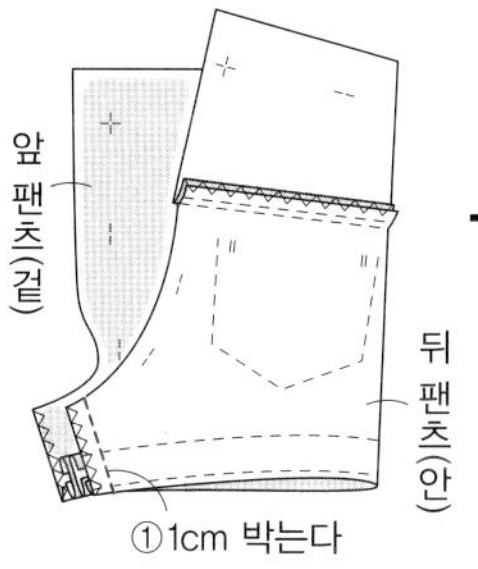
앞 팬츠(겉)
뒤 팬츠(안)
①1cm 박는다

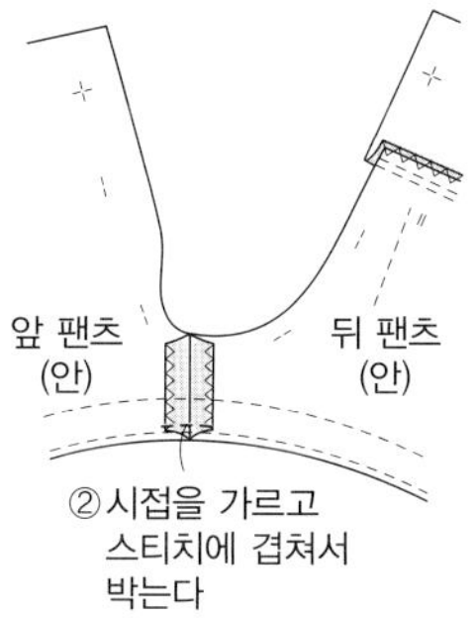
앞 팬츠
(안)
뒤 팬츠
(안)
②시접을 가르고
스티치에 겹쳐서
박는다

❼밑위를 박고, 민트임을 만든다

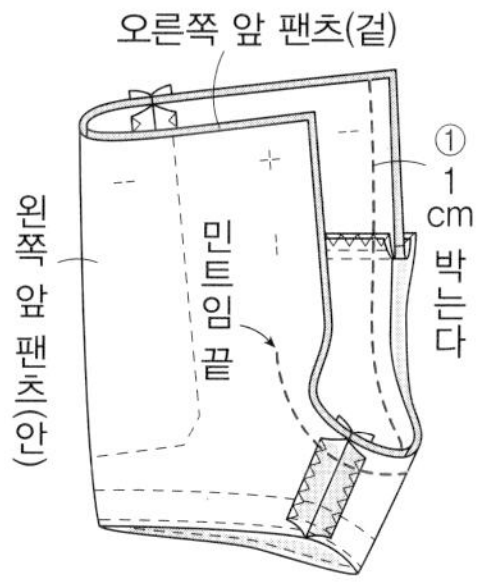
오른쪽 앞 팬츠(겉)
왼쪽 앞 팬츠(안)
민트임 끝
① 1 cm 박는다

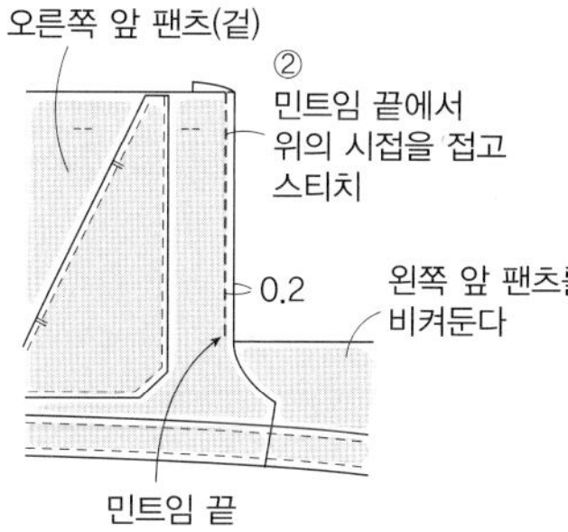
오른쪽 앞 팬츠(겉)
② 민트임 끝에서
위의 시접을 접고
스티치
0.2
왼쪽 앞 팬츠를
비켜둔다
민트임 끝

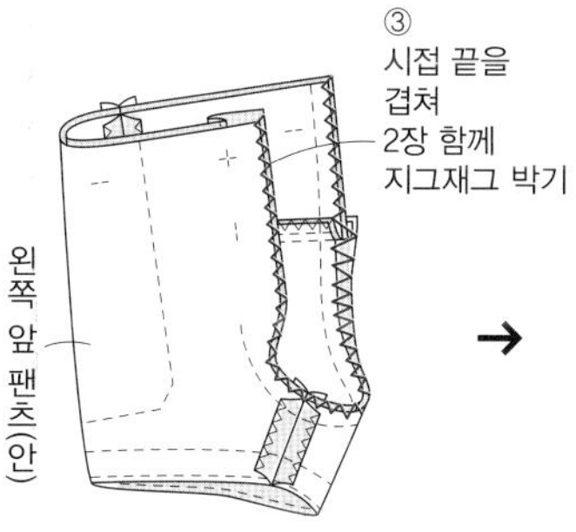
③ 시접 끝을
겹쳐
2장 함께
지그재그 박기
왼쪽 앞 팬츠(안)

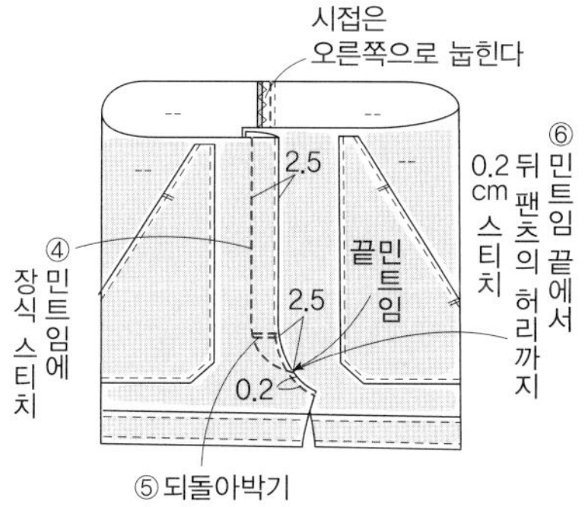
시접은
오른쪽으로 눕힌다
2.5
2.5
0.2
④ 민트임에 장식 스티치
민트임 끝
0.2 cm 스티치
⑥ 민트임 끝에서 뒤 팬츠의 허리까지
⑤되돌아박기

❽허리를 마무리한다

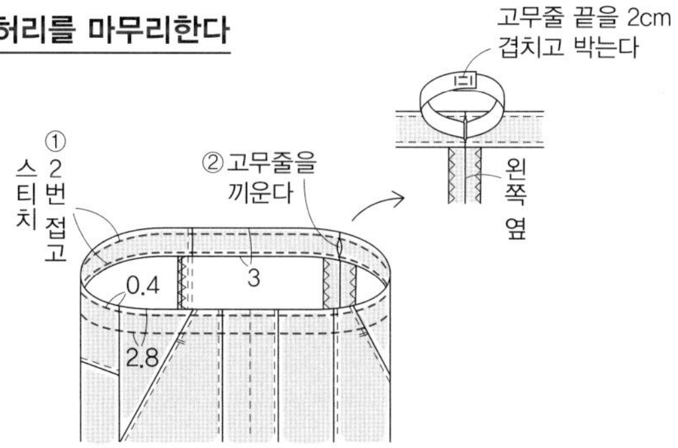
① 2번 접고 스티치
②고무줄을
끼운다
3
0.4
2.8
③
고무줄 끝을 2cm
겹치고 박는다
왼쪽 옆

4 no.04 벌룬 캡

p.08／실물 대형 옷본 F면

【재료】(※머리둘레 49／53cm 공통)
겉감(핑크 가는 골 코듀로이) 100cm 폭…50cm
안감(꽃무늬 프린트) 110cm 폭…50cm
접착심지(겉 크라운 · 챙 분량) 110cm 폭…50cm
폭 15mm 고무줄…6cm
길이 25mm 코르사주 핀(장식 리본용)…1개

【박는 포인트】
겉 크라운과 챙(브림) 안쪽에는 접착심지를 붙이고, 모양이 나게 견고하게 만든다. 특히 챙 부분은 모양이 주저앉기 쉬우므로 심지의 이중 접착이나 두꺼운 심지를 사용하면 깔끔하게 완성된다. 세탁해도 시접이 들뜨지 않게 겉 크라운의 시접은 스티치로 누른다.

【완성 사이즈】
머리둘레 49／53cm

【박는 순서】
❶겉 크라운을 2장씩 맞춰 박고, 스티치한다.
❷❶에서 박은 파트끼리 각각 맞춰 박고, 크라운 모양이 될 때까지 반복한다.
❸챙을 만들고, 겉 크라운에 단다.
❹겉 크라운의 뒤 중심에 고무줄을 단다.
❺안 크라운은 1곳만 창구멍을 남기고 박고, 겉 크라운과 같은 방법으로 차례차례 박는다. 시접은 한쪽으로 눕히고, 스티치는 하지 않는다.
❻겉 크라운과 안 크라운을 박는다.
❼창구멍을 통해 겉으로 뒤집고, 스티치한다.
❽창구멍을 감침질하고, 크라운의 옆에 턱을 접어 손으로 꿰맨다.
❾장식 리본(P.69의 ❺를 참조)을 만들어 완성.

박는 순서

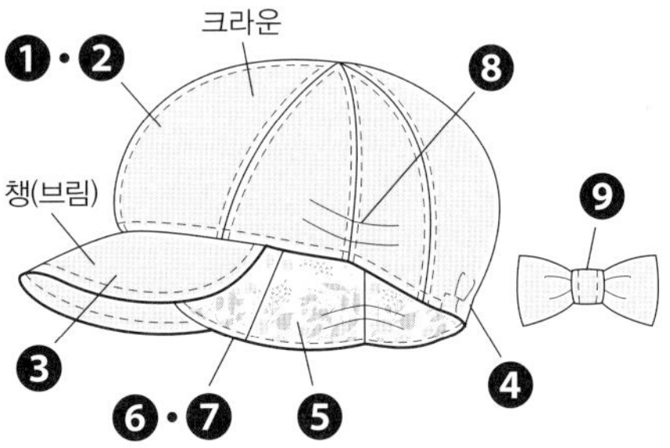

❶·❷
크라운
❽
챙(브림)
❾
❸
❹
❻·❼
❺

❶겉 크라운을 2장씩 맞춰 박는다

※옆 크라운과 뒤 크라운도 같은 방법으로 맞춰 박는다

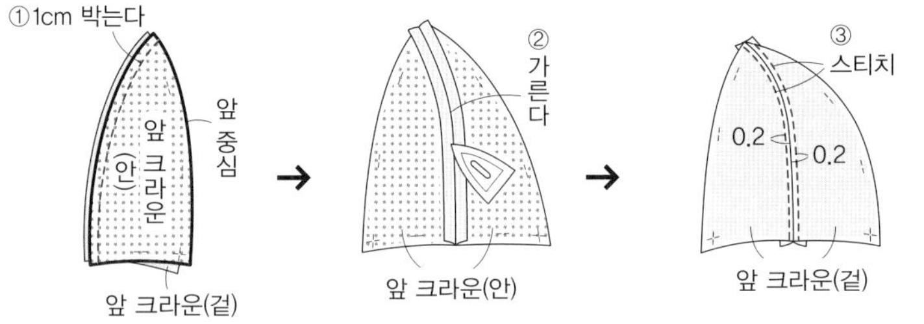

①1cm 박는다
앞 중심
앞 크라운 (안)
앞 크라운(겉)
②가른다
앞 크라운(안)
③스티치
0.2
0.2
앞 크라운(겉)

재단 배치도

※지정된 시접 이외는 1cm
※도트 부분은 접착심지를 붙인다(P.51을 참조)

〈겉감 · 안감 공통〉

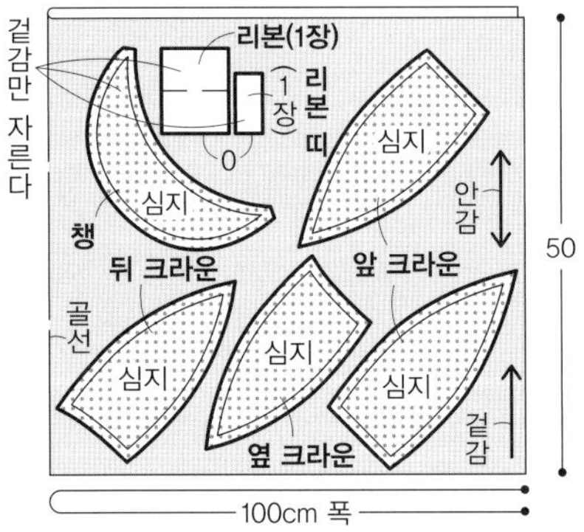

겉감만 자른다
리본(1장)
1
리본띠 1장
0
심지
챙
심지
심지
안감
뒤 크라운
앞 크라운
골선
심지
심지
심지
50
옆 크라운
겉감
100cm 폭

❷크라운 모양으로 박는다

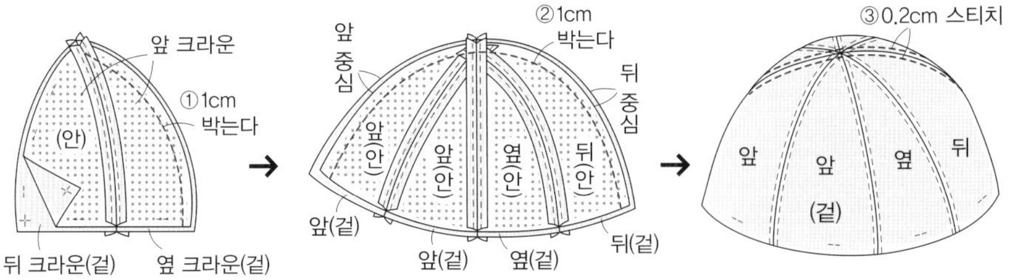

앞 크라운
①1cm 박는다
(안)
뒤 크라운(겉)
옆 크라운(겉)
앞 중심
②1cm 박는다
뒤 중심
앞(안)
앞(안)
옆(안)
뒤(안)
앞(겉)
앞(겉)
옆(겉)
뒤(겉)
③0.2cm 스티치
앞
앞
옆
뒤
(겉)

❸챙을 만든다

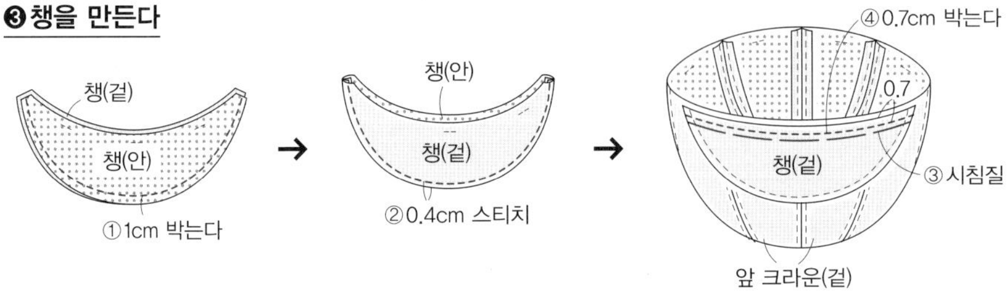

챙(겉)
챙(안)
①1cm 박는다
챙(안)
챙(겉)
②0.4cm 스티치
④0.7cm 박는다
0.7
③시침질
챙(겉)
앞 크라운(겉)

❹겉 크라운에 고무줄을 단다

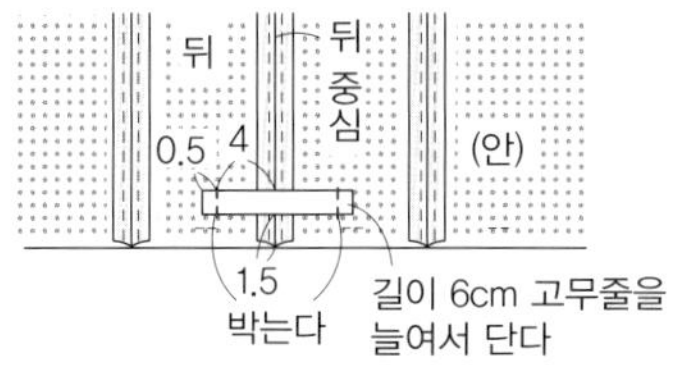
뒤
뒤 중심
(안)
0.5
4
1.5
박는다
길이 6cm 고무줄을
늘여서 단다

❺안 크라운을 만든다

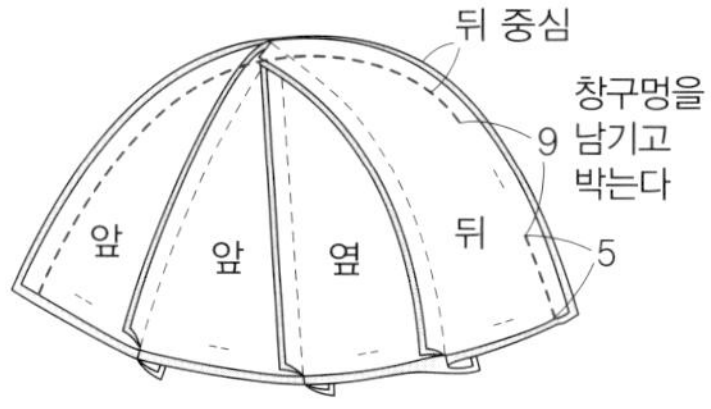
뒤 중심
창구멍을
9 남기고
박는다
앞
앞
옆
뒤
5

❻겉안 크라운을 박는다

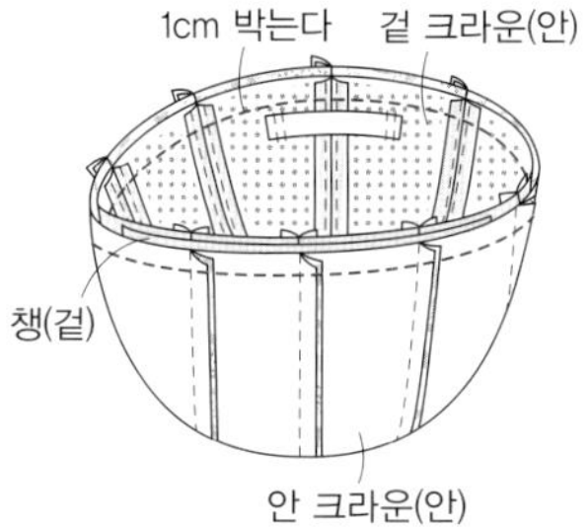
1cm 박는다
겉 크라운(안)
챙(겉)
안 크라운(안)

❼스티치한다

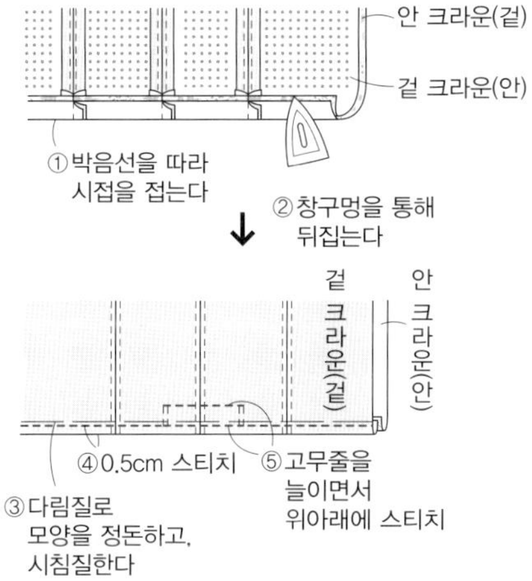
안 크라운(겉)
겉 크라운(안)
①박음선을 따라
시접을 접는다
②창구멍을 통해
뒤집는다
겉 크라운(겉)
안 크라운(안)
④0.5cm 스티치
⑤고무줄을
늘이면서
위아래에 스티치
③다림질로
모양을 정돈하고,
시침질한다

❽턱을 접는다

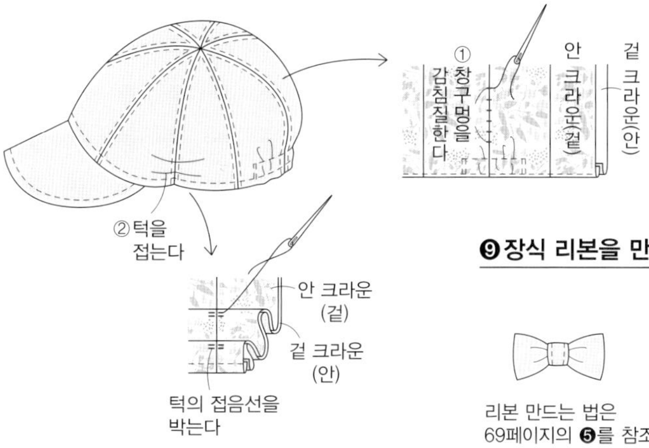
①창구멍을 감침질한다
안 크라운(겉)
겉 크라운(안)
②턱을
접는다
안 크라운
(겉)
겉 크라운
(안)
턱의 접음선을
박는다

❾장식 리본을 만든다

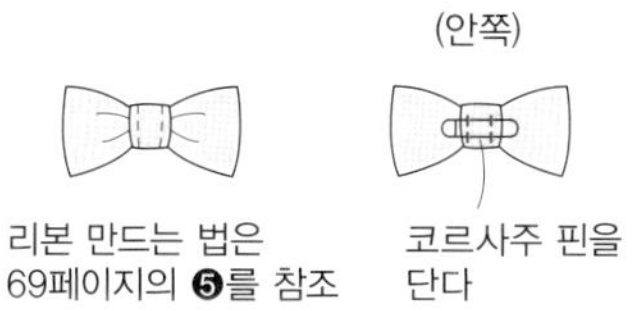
(안쪽)
리본 만드는 법은
69페이지의 ❺를 참조
코르사주 핀을
단다

9-a

no.09-a 풍성한 코르사주

p.14／실물 대형 옷본 B면

【재료】

무지 리넨이나 꽃무늬 프린트 등 옷의 자투리 천 2종류(꽃잎 · 싸개 단추 분량)…소량
펠트(꽃받침 분량)…소량
지름 12mm 싸개 단추…1쌍
수예용 솜…적당량
길이 25mm 코르사주 핀…1쌍

【박는 포인트】

꽃잎의 옷본은 시접 포함, 작은 파트이므로 손바느질로도 가능하다. 싸개 단추는 시판하는 재료를 사용하고, 꽃잎과 천을 달리해 만든다. 얇은 천으로 싸개 단추를 만들 경우, 안쪽에 접착심지를 붙이면 깔끔하게 완성된다.

❶꽃잎을 만든다

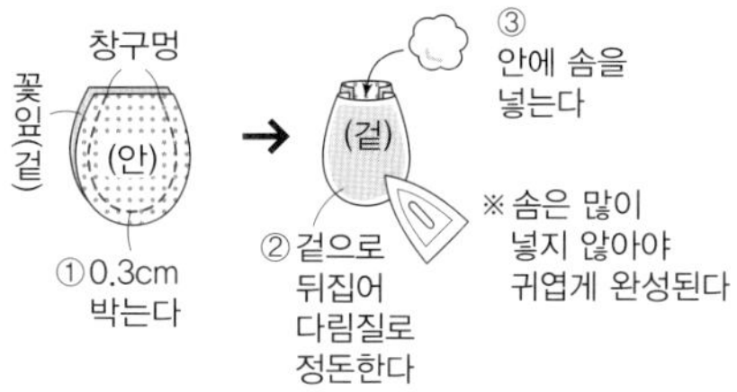
창구멍
꽃잎(겉)
(안)
①0.3cm
박는다
③
안에 솜을
넣는다
(겉)
②겉으로
뒤집어
다림질로
정돈한다
※솜은 많이
넣지 않아야
귀엽게 완성된다

❷꽃잎을 박아 연결한다

※홈질…촘촘한 바늘땀

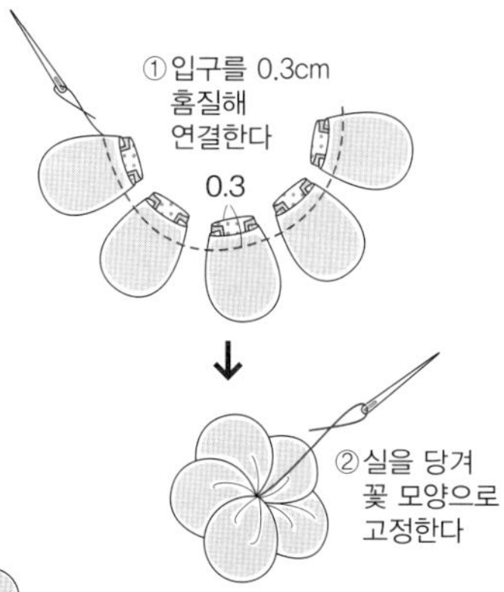
①입구를 0.3cm
홈질해
연결한다
0.3
②실을 당겨
꽃 모양으로
고정한다

❸마무리한다

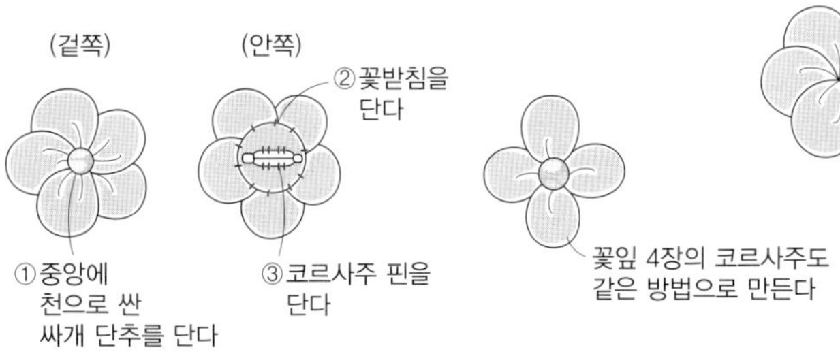
(겉쪽)
(안쪽)
②꽃받침을
단다
①중앙에
천으로 싼
싸개 단추를 단다
③코르사주 핀을
단다
꽃잎 4장의 코르사주도
같은 방법으로 만든다

5 no.05 개더 캐미솔

p.08／실물 대형 옷본 D면

【재료】(※치수는 왼쪽부터 90／100／110／120／130／140 사이즈)
겉감(꽃무늬 프린트) 110cm 폭…70／80／80／90／100／100cm
폭 15mm 고무줄…77／81／85／89／93／97cm

사이즈	90	100	110	120	130	140
밑단 폭	73.8	77.8	81.8	85.8	89.8	93.8
옷 길이	36	39	42	45	48	51

【박는 포인트】
가정용 재봉틀로도 깔끔하게 완성할 수 있게 천 끝이 보이지 않는 마무리로 완성한다. 천 끝이 풀리지 않아 튼튼하고 세탁에도 적합하다. 심지 접착도 개더 잡기도 필요 없어 단시간에 완성할 수 있다. 어깨끈 길이나 개더 분량은 표준 체형 아이에게 맞추었기 때문에, 입는 아이의 체형에 따라 바이어스 천이나 고무줄 길이를 조절해 만들자. ※윗단 고무줄을 아랫단보다 1~1.5cm 정도 짧게 해야 가슴이 보이지 않고, 입었을 때 안정감이 있다.

【박는 순서】
❶앞뒤 몸판의 고무줄 끼우는 곳을 박고, 고무줄을 2개 끼운다.
❷몸판의 진동 둘레에 바이어스 천을 달고 마무리한다.
❸옆을 쌈솔로 박는다.
❹밑단을 2번 접고 스티치하여 완성(P.81의 ❽을 참조).

❶고무줄 끼우는 입구를 마무리한다

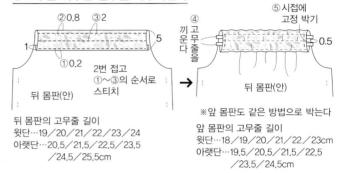

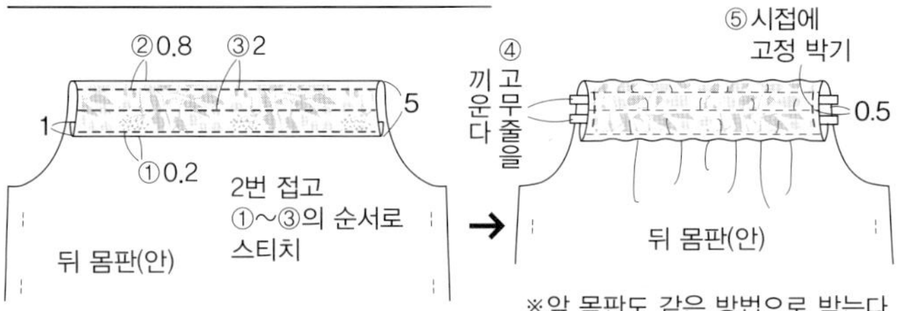
②0.8
③2
1
5
①0.2
2번 접고
①~③의 순서로
스티치
뒤 몸판(안)
④고무줄을 끼운다
⑤시접에 고정 박기
0.5
뒤 몸판(안)

뒤 몸판의 고무줄 길이
윗단…19／20／21／22／23／24
아랫단…20.5／21.5／22.5／23.5／24.5／25.5cm

※앞 몸판도 같은 방법으로 박는다
앞 몸판의 고무줄 길이
윗단…18／19／20／21／22／23cm
아랫단…19.5／20.5／21.5／22.5／23.5／24.5cm

박는 순서

❶
❷
❸
❹

❷진동 둘레를 마무리한다

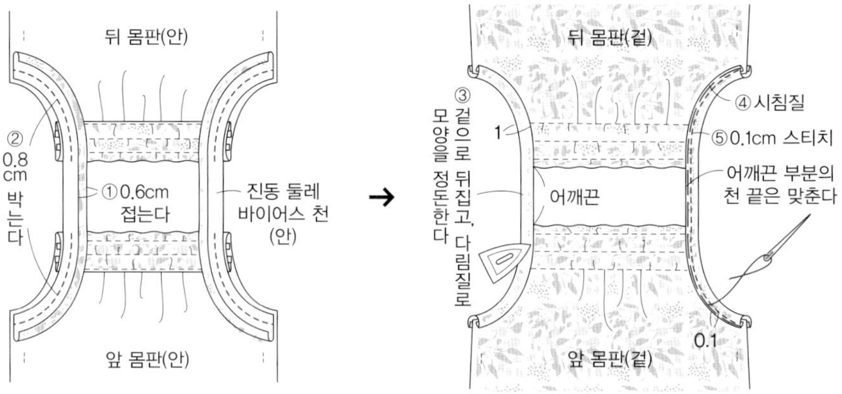
뒤 몸판(안)
②0.8cm 박는다
①0.6cm 접는다
진동 둘레 바이어스 천(안)
앞 몸판(안)
뒤 몸판(겉)
③겉으로 뒤집고, 다림질로 모양을 정돈한다
1
어깨끈
④시침질
⑤0.1cm 스티치
어깨끈 부분의 천 끝은 맞춘다
0.1
앞 몸판(겉)

재단 배치도

※천 겉면에 옷본을 배치하고 자른다
※지정된 시접 이외는 1cm
※치수는 위부터 90／100／110／120／130／140 사이즈

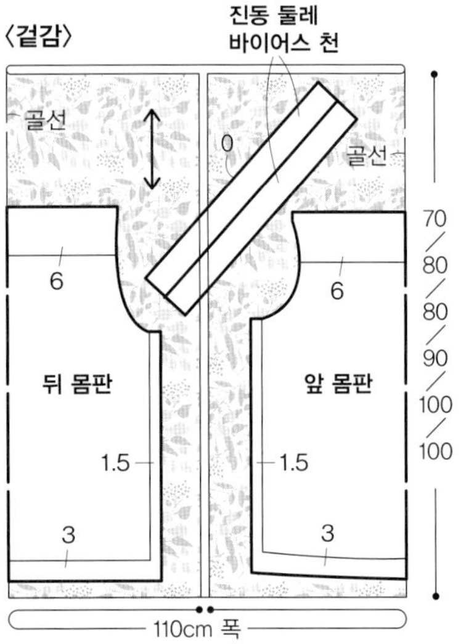
〈겉감〉
진동 둘레 바이어스 천
골선
0
골선
6
6
뒤 몸판
앞 몸판
1.5
1.5
3
3
70／80／80／90／100／100
110cm 폭

❸옆을 쌈솔로 박는다

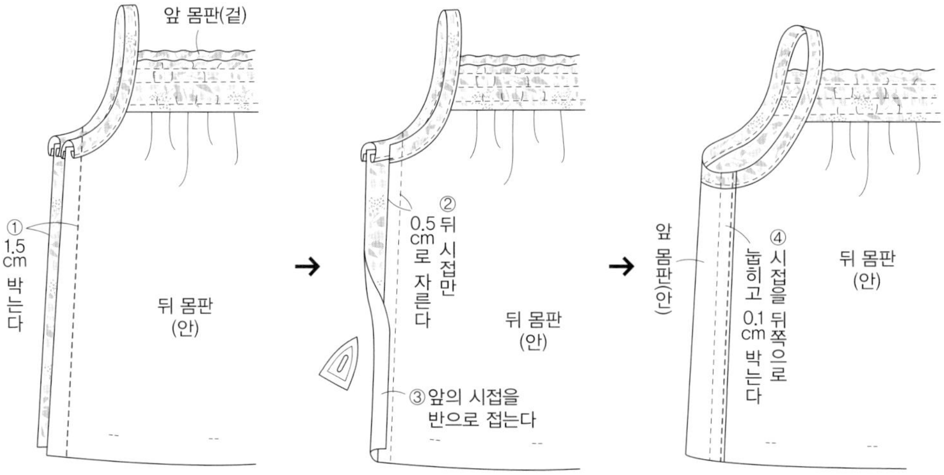
앞 몸판(겉)
①1.5cm 박는다
뒤 몸판(안)
②뒤 시접만 0.5cm로 자른다
뒤 몸판(안)
③앞의 시접을 반으로 접는다
앞 몸판(안)
④시접을 뒤쪽으로 눕히고 0.1cm 박는다
뒤 몸판(안)

9-b,c

※홈질…촘촘한 바늘땀

no.09-b,c 작은 꽃 머리 장식과 헤어핀

p.14／실물 대형 옷본 B면

【머리 장식 재료】
무지 리넨 등 옷의 자투리 천(꽃잎 분량)…소량
접착심지…소량
양쪽 구슬 달린 꽃술 소(구슬 크기 2mm)…8개
폭 3mm 새틴 리본…30cm
폭 55mm 장식 빗…1개
수예용 본드

【헤어핀 재료】
무지 리넨이나 코듀로이 등 옷의 자투리 천(꽃잎, 꽃술 분량)…소량
접착심지…소량
양쪽 구슬 달린 꽃술 대(구슬 크기 5mm)…1개
길이 55mm 실핀대…1개
수예용 본드

【박는 포인트】
꽃잎 모양으로 자른 천 끝은 자른 채로 끝을 풀어서 완성한다.

【머리 장식 박는 순서】
❶꽃잎 4장에 각각 꽃술을 끼우고, 꽃을 만든다.
❷장식 빗에 꽃술 기둥을 붙이고, 새틴 리본으로 감아 완성.

【헤어핀 박는 순서】
❶바깥쪽으로 오는 큰 꽃잎의 안쪽에 본드를 바르고, 2장을 붙인다.
❷꽃술의 구슬을 천으로 감싼다.
❸꽃잎 대소를 차례차례 꿰맨다.
❹헤어핀을 달아 완성.

<b> ❶꽃을 만든다

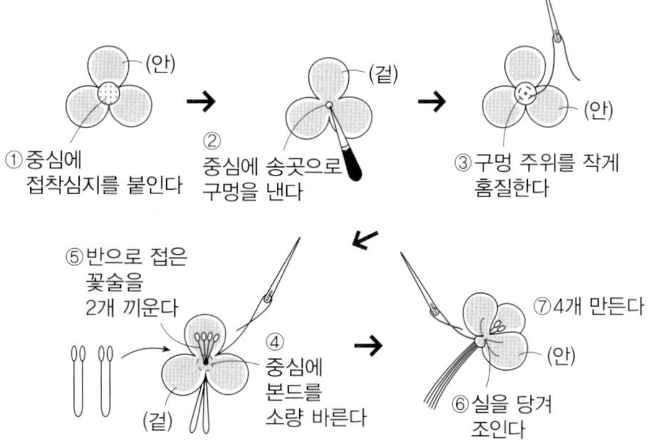
(안)
①중심에
접착심지를 붙인다
(겉)
②
중심에 송곳으로
구멍을 낸다
(안)
③구멍 주위를 작게
홈질한다
⑤반으로 접은
꽃술을
2개 끼운다
④
중심에
본드를
소량 바른다
(겉)
⑦4개 만든다
(안)
⑥실을 당겨
조인다

❷장식 빗에 단다

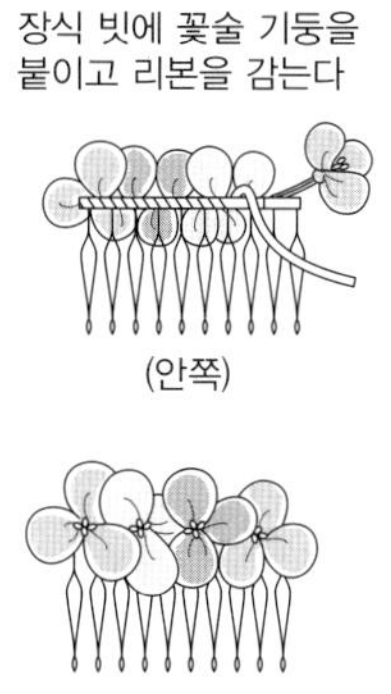
장식 빗에 꽃술 기둥을
붙이고 리본을 감는다
(안쪽)

<c> ❶꽃잎을 맞춰 붙인다

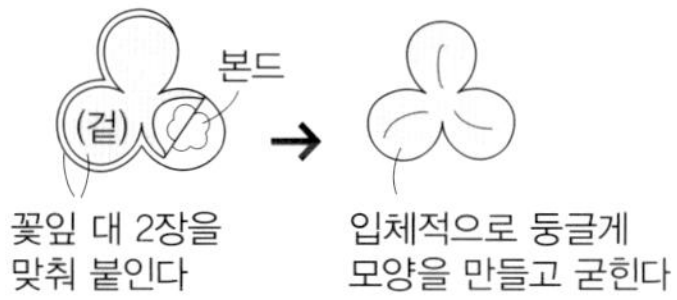
본드
(겉)
꽃잎 대 2장을
맞춰 붙인다
입체적으로 둥글게
모양을 만들고 굳힌다

❸꽃잎 대소를 하나로 합친다

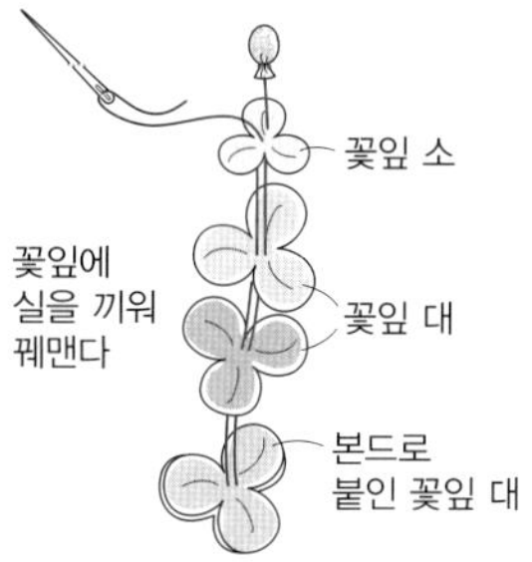
꽃잎 소
꽃잎에
실을 끼워
꿰맨다
꽃잎 대
본드로
붙인 꽃잎 대

❷꽃술을 천으로 감싼다

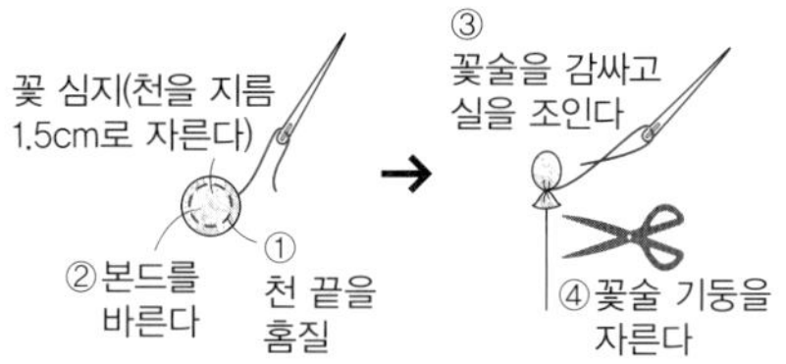
꽃 심지(천을 지름
1.5cm로 자른다)
②본드를
바른다
①
천 끝을
홈질
③
꽃술을 감싸고
실을 조인다
④꽃술 기둥을
자른다

❹헤어핀을 단다

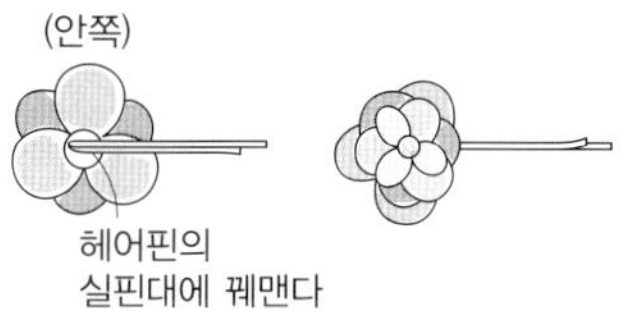
(안쪽)
헤어핀의
실핀대에 꿰맨다

9-d

no.09-d 작은 꽃 리스 브로치

p.14／실물 대형 옷본 B면

【브로치 재료】
무지 리넨이나 코듀로이 등 옷의 자투리 천(꽃잎, 바탕천 분량)…소량
접착심지(바탕천 분량)…소량
양쪽 구슬 달린 꽃술 대(구슬 크기 5mm)…4개
길이 25mm 코르사주 핀…1개

【박는 포인트】
꽃잎 모양으로 자른 천 끝은 자른 채로 끝을 풀어서 완성한다.

【박는 순서】
❶바탕천을 만든다.
❷꽃잎 소 8장에 각각 꽃술을 끼우고, 꽃을 만든다.
❸바탕천에 꽃을 꿰매고, 안쪽에 코르사주 핀을 달아 완성.

<d> ❶바탕천을 만든다

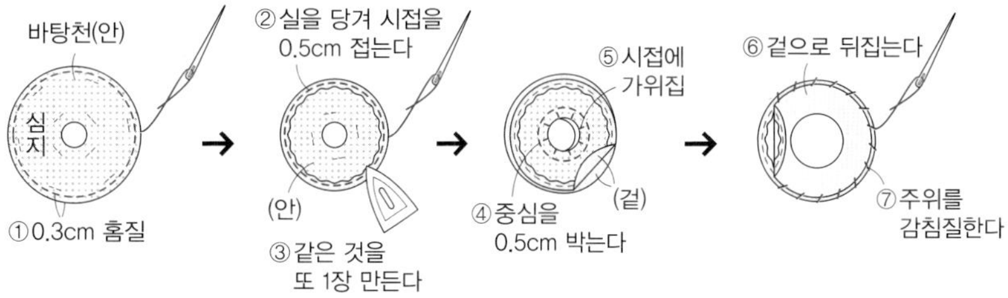
바탕천(안)
심지
①0.3cm 홈질
②실을 당겨 시접을
0.5cm 접는다
(안)
③같은 것을
또 1장 만든다
⑤시접에
가위집
(겉)
④중심을
0.5cm 박는다
⑥겉으로 뒤집는다
⑦주위를
감침질한다

❷꽃을 만든다

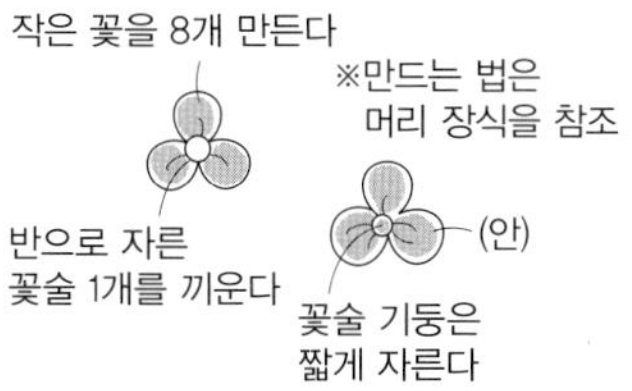
작은 꽃을 8개 만든다
※만드는 법은
머리 장식 참조
반으로 자른
꽃술 1개를 끼운다
(안)
꽃술 기둥은
짧게 자른다

❸바탕천에 단다

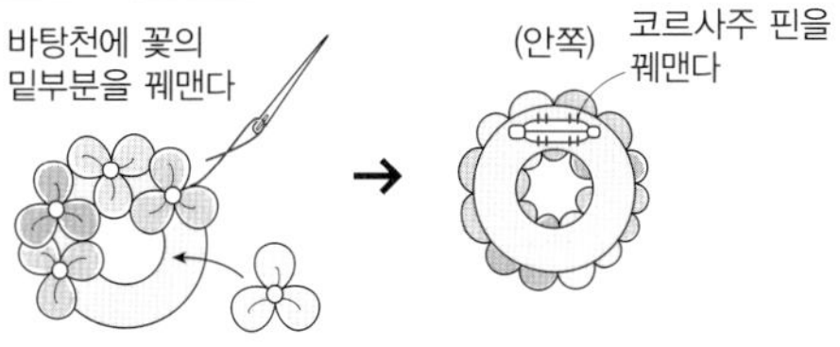
바탕천에 꽃의
밑부분을 꿰맨다
(안쪽)
코르사주 핀을
꿰맨다

no.07 핀턱 원피스

p.12／실물 대형 옷본 A면

【재료】(※치수는 왼쪽부터 90／100／110／120／130／140 사이즈)
겉감(블루 코튼 덩거리) 110cm 폭…130／140／150／160／170／180cm
10×15mm 단추…1개
폭 3mm 리본(앞트임 고리 분량)…5cm

사이즈	90	100	110	120	130	140
가슴둘레	79.6	83.6	87.6	91.6	95.6	99.6
옷 길이	48	53	58	63	68	73

【박는 포인트】
가정용 재봉틀로도 깔끔하게 만들 수 있게 천 끝이 보이지 않는 마무리로 완성한다. 천 끝이 풀리지 않아 튼튼하고 세탁에도 적합하다. 오버로크나 접착심지도 사용하지 않아 손쉽게 만들 수 있고, 통솔이나 쌈솔, 바이어스 · 안 바이어스 같은 다양한 시접 마무리 방법을 배울 수 있다.

【박는 순서】
❶앞 몸판의 포켓 다는 위치에 개더를 잡기 위한 홈질을 하고, 턱을 박는다.
❷뒤 몸판의 턱도 같은 방법으로 박는다.
❸앞 몸판에 포켓을 단다.
❹어깨를 통솔로 박는다.
❺앞트임을 바이어스 천으로 마무리한다.
❻목을 바이어스 천으로 마무리한다.
❼진동 둘레를 바이어스 천으로 마무리한다(안 바이어스 마무리 · P.46을 참조).
❽옆을 쌈솔로 마무리한다(P.85의 ❻을 참조).
❾밑단을 2번 접어 스티치한다(P.81의 ❽을 참조).
❿앞 중심에 단추를 달아 완성.

재단 배치도

※천 겉면에 옷본을 배치하고 자른다
※지정된 시접 이외는 1cm
※치수는 위부터 90／100／110／120／130／140 사이즈

〈겉감〉

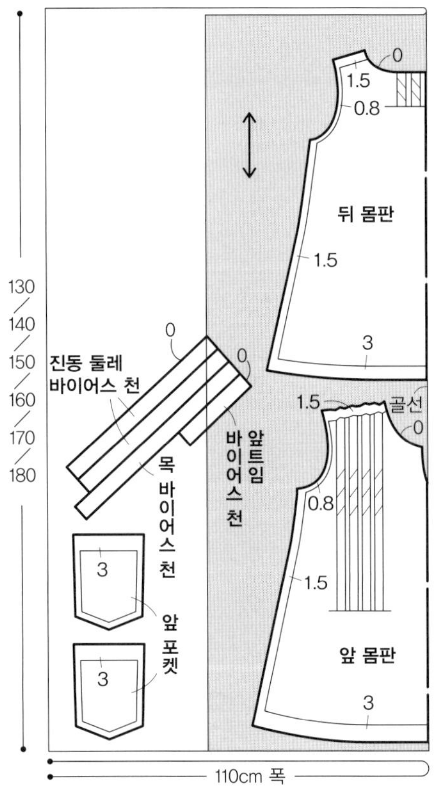
130／140／150／160／170／180
뒤 몸판
앞 몸판
0
1.5
0.8
3
골선
진동 둘레 바이어스 천
목 바이어스 천
앞트임 바이어스 천
앞 포켓
110cm 폭

박는 순서

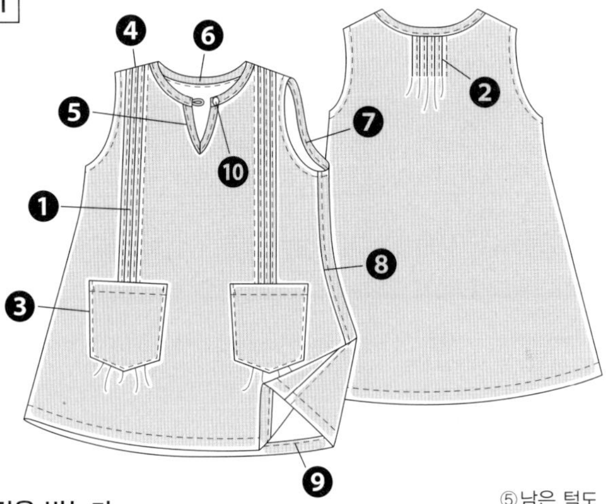

❶앞 몸판의 턱을 박는다

⑤남은 턱도 같은 방법으로 박는다
턱 접음선
①안쪽에서 접음선에 주걱으로 표시한다
개더 끝
포켓 다는 위치
0.2
②홈질한다
앞 몸판(안)
③접음선에 다림질한다
앞 몸판(겉)
④0.7cm 박는다
(겉)
접음선
턱 박음질 끝

※홈질…촘촘한 바늘땀. 성긴 박음질로도 가능

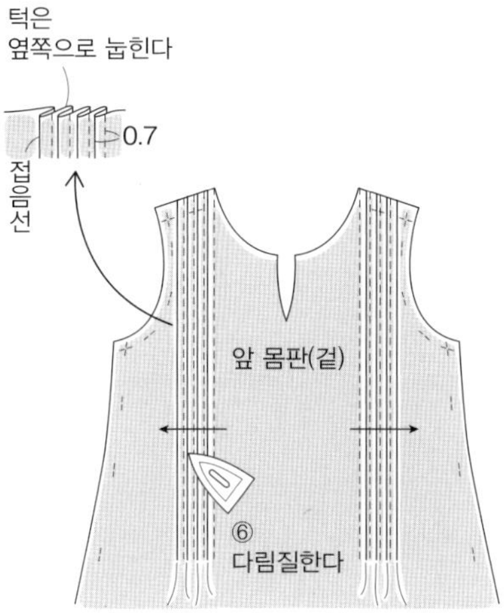
턱은
옆쪽으로 눕힌다
0.7
접음선
앞 몸판(겉)
⑥
다림질한다

❷뒤 몸판의 턱을 박는다

왼쪽 옆으로
눕힌다
턱
박음질 끝
뒤 몸판(겉)

❸앞 몸판에 포켓을 단다

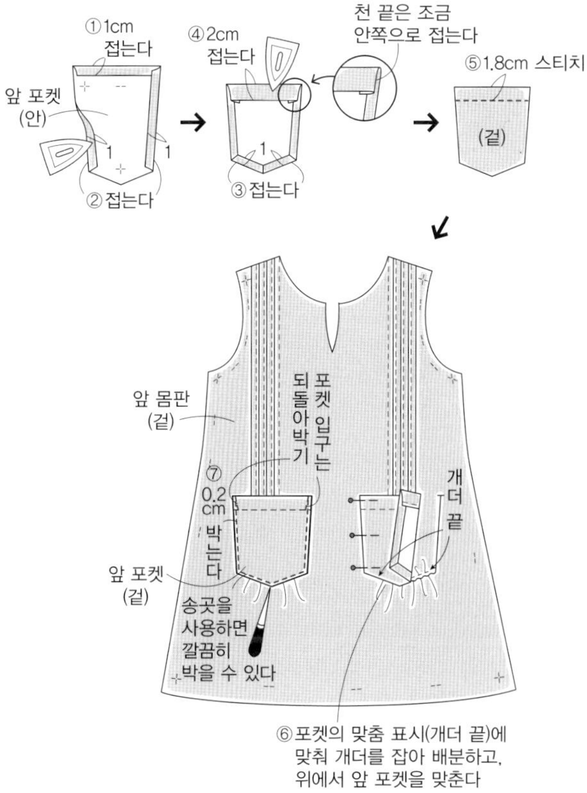
①1cm
접는다
앞 포켓
(안)
1
1
②접는다
④2cm
접는다
1
③접는다
천 끝은 조금
안쪽으로 접는다
⑤1.8cm 스티치
(겉)
앞 몸판
(겉)
포켓 입구는
되돌아박기
⑦
0.2
cm
박는다
앞 포켓
(겉)
송곳을
사용하면
깔끔히
박을 수 있다
개더 끝
⑥포켓의 맞춤 표시(개더 끝)에
맞춰 개더를 잡아 배분하고,
위에서 앞 포켓을 맞춘다

❹어깨를 통솔로 박는다

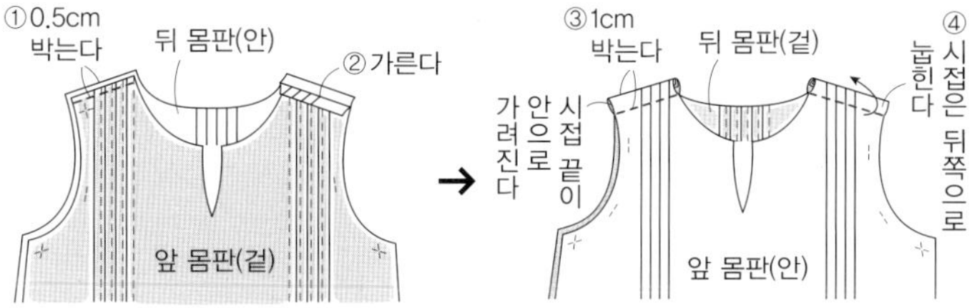
①0.5cm
박는다
뒤 몸판(안)
②가른다
앞 몸판(겉)
③1cm
박는다
뒤 몸판(겉)
시접 끝이
안으로
가려진다
④
시접은 뒤쪽으로
눕힌다
앞 몸판(안)

❺앞트임을 바이어스 천으로 마무리한다

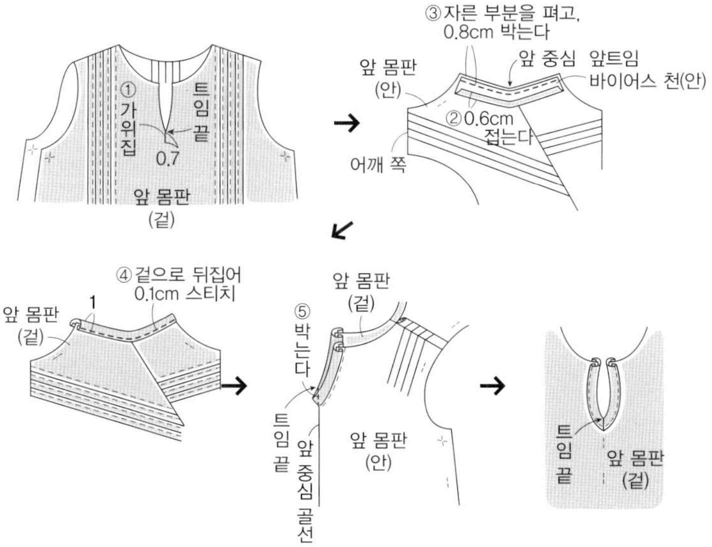
①
가위집
트임
끝
0.7
앞 몸판
(겉)
③자른 부분을 펴고,
0.8cm 박는다
앞 몸판
(안)
앞 중심
앞트임
바이어스 천(안)
②0.6cm
접는다
어깨 쪽
④겉으로 뒤집어
0.1cm 스티치
앞 몸판
(겉)
1
앞 몸판
(겉)
⑤
박는다
트임
끝
앞 중심 골선
앞 몸판
(안)
트임
끝
앞 몸판
(겉)

❻목을 바이어스 천으로 마무리한다

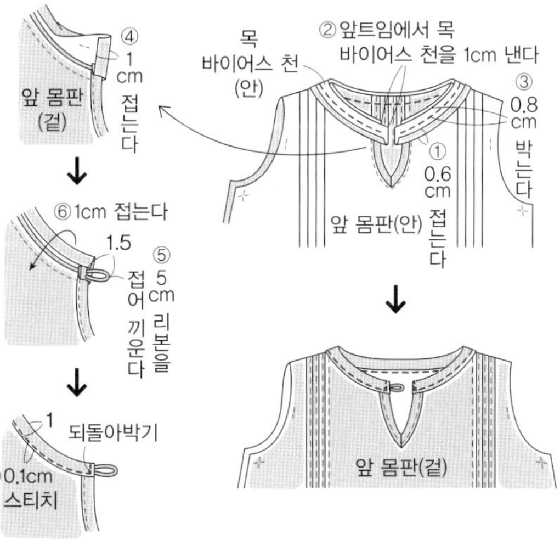
④
1
cm
접는다
앞 몸판
(겉)
⑥1cm 접는다
1.5
⑤
5
cm
리본을
접어
끼운다
1
되돌아박기
⑦0.1cm
스티치
목
바이어스 천
(안)
②앞트임에서 목
바이어스 천을 1cm 낸다
③
0.8
cm
박는다
①
0.6
cm
접는다
앞 몸판(안)
앞 몸판(겉)

no.08 스퀘어넥 원피스

p.14／실물 대형 옷본 A면

【재료】(※치수는 왼쪽부터 90／100／110／120／130／140 사이즈)
겉감(연갈색 가는 골 코듀로이) 105cm 폭…90／100／110／120／120／130cm
다른 천(꽃무늬 프린트) 110cm 폭…30／30／40／40／40／40cm
접착심지(앞뒤 안단 · 포켓 입구의 바대 분량) 110cm 폭…30／30／40／40／40／40cm
10×15mm 단추…3개

사이즈	90	100	110	120	130	140
가슴둘레	61.2	65.2	69.2	73.2	77.2	81.2
옷 길이	44.8	49.8	54.8	59.8	64.8	69.8

【박는 포인트】
스커트의 개더는 끝까지 잡지 않고 진동 둘레 앞(개더 끝)까지 잡으면 박기 쉽고 깔끔하게 완성된다. 몸판과 맞춰 박을 때는 개더 잡은 스커트를 위로 하여 송곳을 이용해 내보내며 조금씩 박는다. 뒤트임의 목 부분은 천 두께에 따라 높이 차이가 나기 쉬우니 주의하여 완성하자. 겉감에 두께감이 있는 경우는 안단을 얇게 하면 깔끔하게 완성된다.

【박는 순서】
❶몸판과 안단의 어깨를 각각 박는다.
❷몸판과 안단을 겉끼리 맞대어 박고, 겉으로 뒤집는다.
❸몸판과 안단의 옆을 박고, 스티치한다.
❹앞 스커트에 포켓을 단다. ※포켓 입구는 힘이 실리므로 얇은 천의 경우는 포켓 입구 안쪽에 접착심지를 붙인 바대를 대고 함께 박는다(P.96의 ❷를 참조).
❺앞뒤 스커트의 개더를 잡고, 옆을 박는다.
❻밑단을 2번 접어 스티치한다(P.81의 ❽을 참조).
❼몸판과 스커트를 박는다.
❽뒤트임에 단춧구멍을 만들고, 단추를 달아 완성.

재단 배치도

※천 겉면에 옷본을 배치하고 자른다
※지정된 시접 이외는 1cm
※치수는 위부터 90／100／110／120／130／140 사이즈
※도트 부분은 접착심지를 붙인다(P.51을 참조)

〈겉감〉

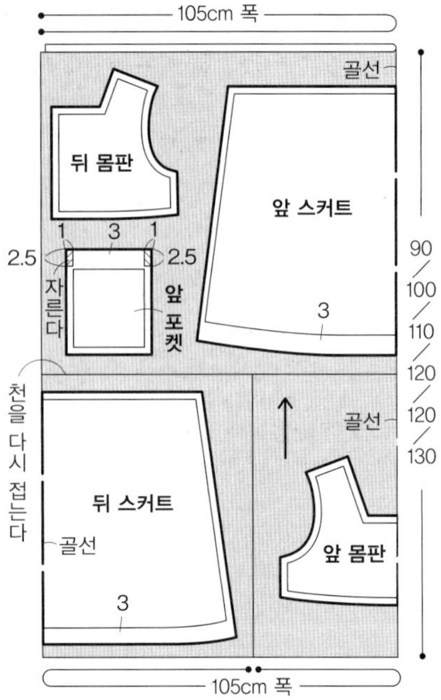
105cm 폭
골선
뒤 몸판
앞 스커트
1
3
1
2.5
2.5
자르다
앞 포켓
3
90
100
110
120
120
130
천을 다시 접는다
뒤 스커트
골선
3
앞 몸판
105cm 폭

※코듀로이는 천에 털이 있기 때문에, 손으로 쓸어보고 역모(털과 반대 방향)로 옷본을 맞춰 배치하고 자른다.

〈다른 천〉

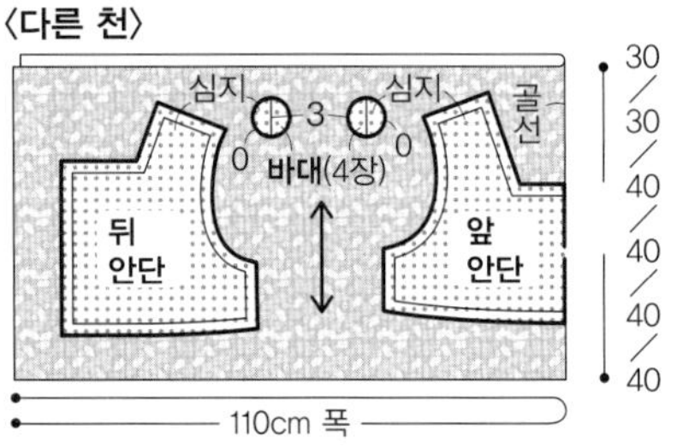
심지
심지
3
0
0
바대(4장)
골선
뒤 안단
앞 안단
30
30
40
40
40
40
110cm 폭

박는 순서

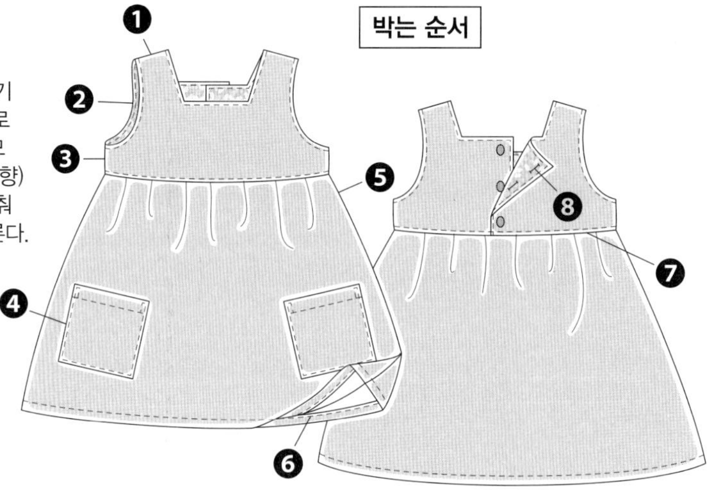
❶
❷
❸
❹
❺
❻
❼
❽

❶어깨를 박는다

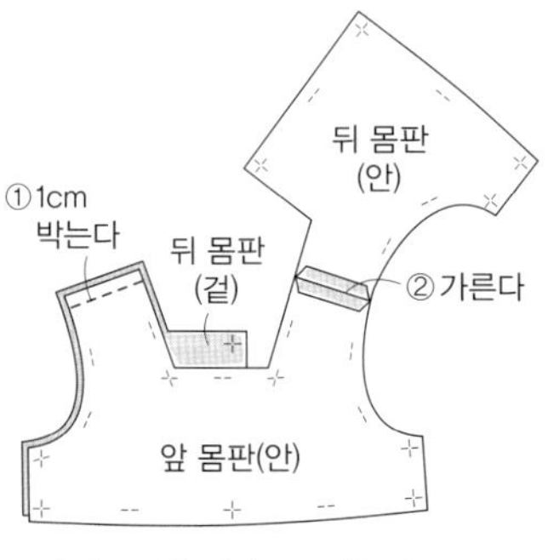
①1cm 박는다
뒤 몸판(겉)
뒤 몸판(안)
②가른다
앞 몸판(안)

안단도 같은 방법으로 박는다

❷몸판과 안단을 박는다

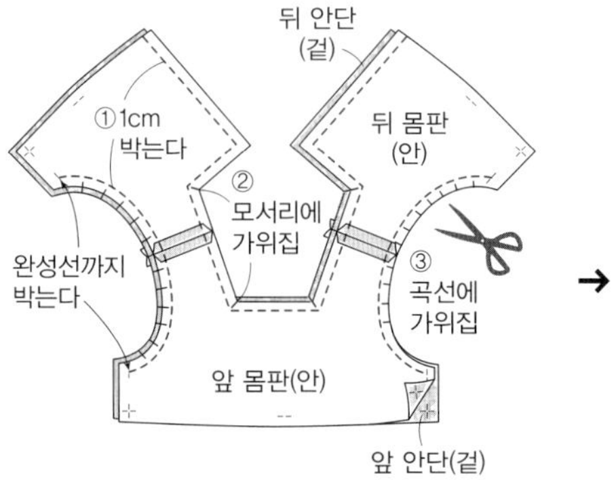
뒤 안단(겉)
①1cm 박는다
뒤 몸판(안)
②모서리에 가위집
완성선까지 박는다
③곡선에 가위집
앞 몸판(안)
앞 안단(겉)
→

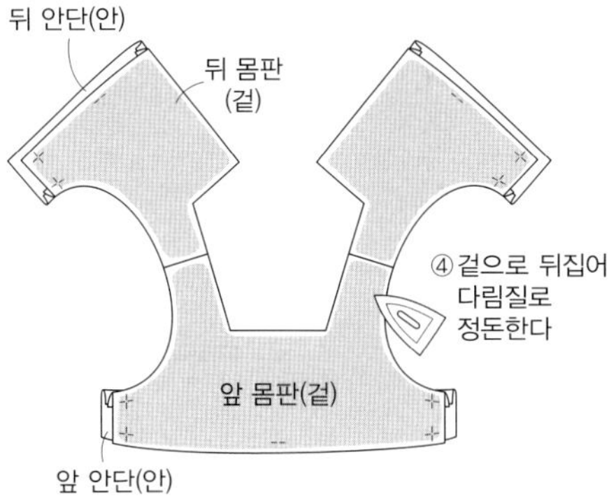
뒤 안단(안)
뒤 몸판
(겉)
④겉으로 뒤집어
다림질로
정돈한다
앞 몸판(겉)
앞 안단(안)

❸옆을 박는다

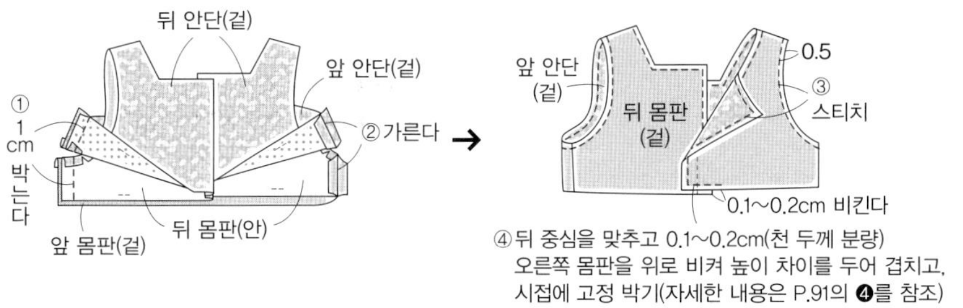
뒤 안단(겉)
앞 안단(겉)
①
1
cm
박
는
다
②가른다
앞 몸판(겉)
뒤 몸판(안)
앞 안단
(겉)
뒤 몸판
(겉)
0.5
③
스티치
0.1~0.2cm 비킨다
④뒤 중심을 맞추고 0.1~0.2cm(천 두께 분량)
오른쪽 몸판을 위로 비켜 높이 차이를 두어 겹치고,
시접에 고정 박기(자세한 내용은 P.91의 ❹를 참조)

❹앞 스커트에 포켓을 단다

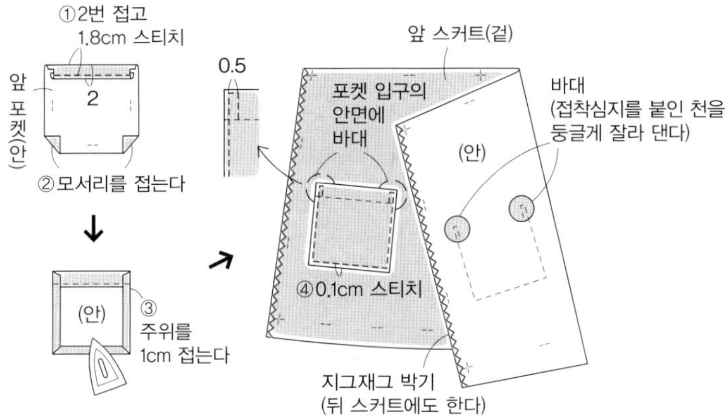
①2번 접고
1.8cm 스티치
앞
포
켓
(안)
2
②모서리를 접는다
(안)
③
주위를
1cm 접는다
0.5
앞 스커트(겉)
포켓 입구의
안면에
바대
바대
(접착심지를 붙인 천을
둥글게 잘라 댄다)
(안)
④0.1cm 스티치
지그재그 박기
(뒤 스커트에도 한다)

❺앞뒤 스커트를 박는다

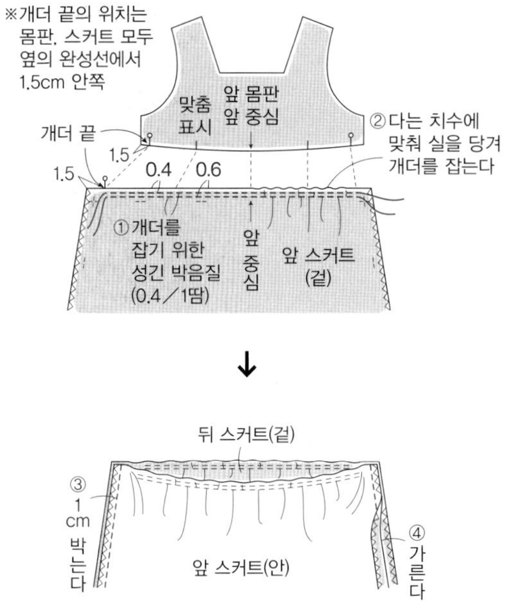
※개더 끝의 위치는
몸판, 스커트 모두
옆의 완성선에서
1.5cm 안쪽
맞춤
표시
앞 몸판
앞 중심
②다는 치수에
맞춰 실을 당겨
개더를 잡는다
개더 끝
1.5
1.5
0.4
0.6
①개더를
잡기 위한
성긴 박음질
(0.4/1땀)
앞
중
심
앞 스커트
(겉)
뒤 스커트(겉)
③
1
cm
박
는
다
④
가
른
다
앞 스커트(안)

❼몸판과 스커트를 박는다

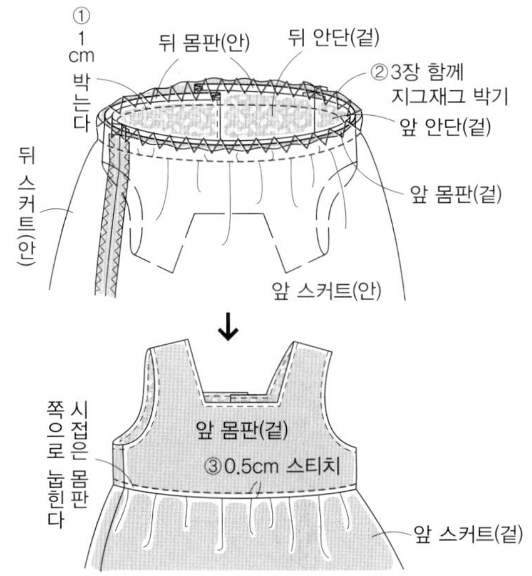
①
1
cm
박
는
다
뒤 몸판(안)
뒤 안단(겉)
②3장 함께
지그재그 박기
앞 안단(겉)
뒤
스
커
트
(안)
앞 몸판(겉)
앞 스커트(안)
시접은 몸판
쪽으로 눕힌다
앞 몸판(겉)
③0.5cm 스티치
앞 스커트(겉)

❽단춧구멍을 만들고, 단추를 단다

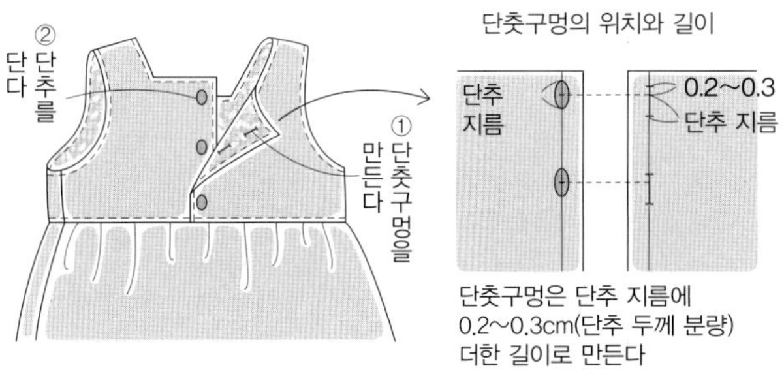
②
단추를
단다
①
단춧구멍을
만든다
단춧구멍의 위치와 길이
단추
지름
0.2~0.3
단추 지름
단춧구멍은 단추 지름에
0.2~0.3cm(단추 두께 분량)
더한 길이로 만든다

21 no.21 웨이스트 마크 원피스

p.28／실물 대형 옷본 E면

【재료】(※치수는 왼쪽부터 90／100／110／120／130／140 사이즈)
겉감(꽃무늬 프린트) 110cm 폭…130／140／150／160／170／180cm
다른 천(컬러 브로드) 110cm 폭…40cm(공통)
폭 6mm 고무줄
(목둘레 윗단용)…40／41／42／43／44／45cm
(목둘레 아랫단용)…43／44／45／46／47／48cm
(허리용)…56／57／58／59／60／61cm
(소맷부리용)…13／14／15／16／17／18cm 2개
폭 20mm 늘어짐 방지 테이프(하프 바이어스 타입·포켓 입구 분량)…30／30／30／30／30／30cm

사이즈	90	100	110	120	130	140
가슴둘레	95.7	99.7	103.7	107.7	111.7	115.7
옷 길이	52	57	62	67	72	77
소매길이	35.9	39.9	43.9	47.9	51.9	55.9

재단 배치도

※천 겉면에 옷본을 배치하고 자른다
※지정된 시접 이외는 1cm
※치수는 위부터 90／100／110／120／130／140 사이즈
※사선 부분에 늘어짐 방지 테이프를 붙인다

〈겉감〉

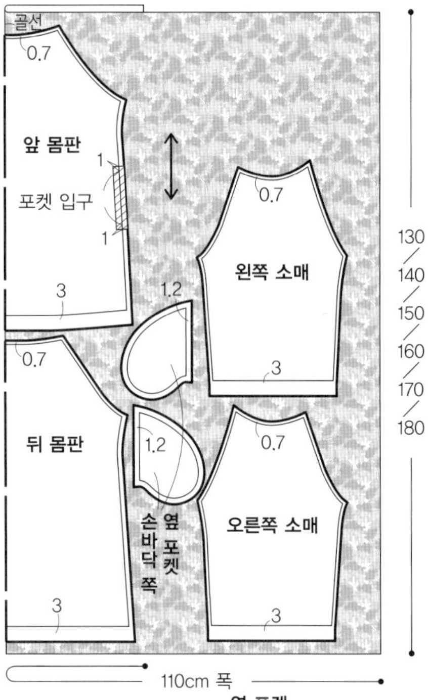
골선
0.7
앞 몸판
1
포켓 입구
1
3
0.7
왼쪽 소매
3
1.2
0.7
뒤 몸판
1.2
0.7
오른쪽 소매
옆 포켓 손바닥 쪽
3
3
130／140／150／160／170／180
110cm 폭

〈다른 천〉

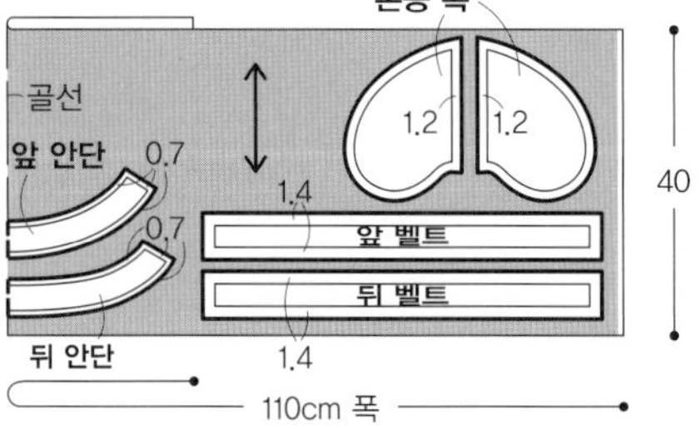
옆 포켓 손등 쪽
골선
앞 안단
0.7
0.7
1.2
1.2
1.4
앞 벨트
뒤 벨트
1.4
뒤 안단
40
110cm 폭

【박는 포인트】
목과 소맷부리와 허리에 고무줄을 넣는다. 고무줄 끼우는 입구를 만들고, 고무줄 길이를 나중에 조절할 수 있게 재봉한다. 옆에는 솔기를 이용한 심 포켓을 단다. 포켓 입구만 늘어짐 방지 테이프를 사용한다. 고무줄 길이는 아이에 맞춰 조정하자.

【박는 순서】
❶심 포켓을 만든다.
❷몸판과 소매를 박는다.
❸안단의 어깨를 박는다.
❹몸판과 안단을 박는다.
❺소매 밑과 옆을 연결해 박는다.
❻벨트의 옆을 박는다.
❼몸판에 벨트를 단다.
❽밑단을 2번 접어 스티치한다(P.81의 ❽을 참조).
❾소맷부리를 2번 접어 스티치한다(P.53의 ❽을 참조).
❿목, 허리, 소맷부리에 고무줄을 끼워 완성.

박는 순서

❸
❹
❷
❻
❺
❼
❶
❿
❾
❽

❶심 포켓을 만든다

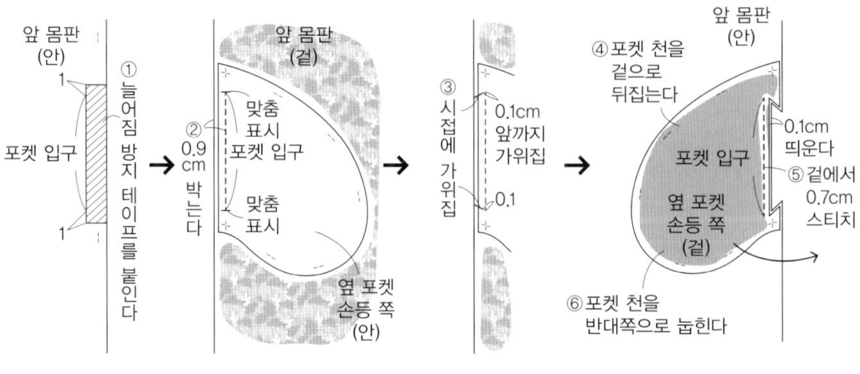
앞 몸판
(안)
1
포켓 입구
1
①늘어짐 방지 테이프를 붙인다
앞 몸판
(겉)
②0.9cm 박는다
맞춤 표시
포켓 입구
맞춤 표시
옆 포켓
손등 쪽
(안)
③시접에 가위집
0.1cm
앞까지
가위집
0.1
앞 몸판
(안)
④포켓 천을
겉으로
뒤집는다
0.1cm
띄운다
포켓 입구
⑤겉에서
0.7cm
스티치
옆 포켓
손등 쪽
(겉)
⑥포켓 천을
반대쪽으로 눕힌다

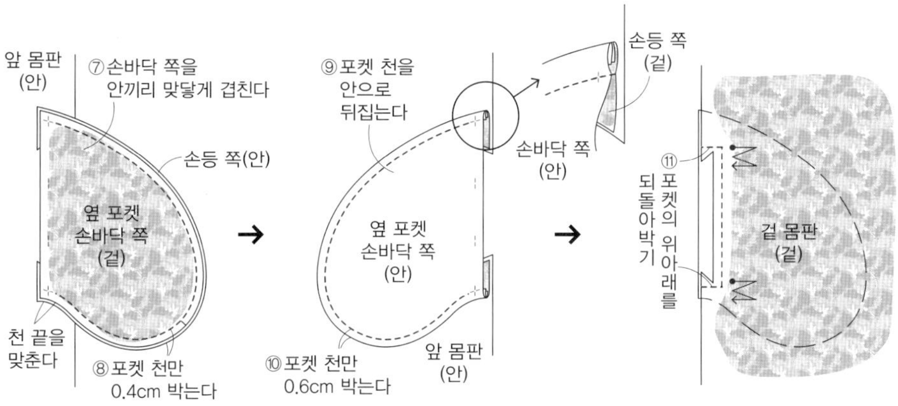

앞 몸판 (안)
⑦손바닥 쪽을 안끼리 맞닿게 겹친다
손등 쪽(안)
옆 포켓 손바닥 쪽 (겉)
천 끝을 맞춘다
⑧포켓 천만 0.4cm 박는다
⑨포켓 천을 안으로 뒤집는다
옆 포켓 손바닥 쪽 (안)
⑩포켓 천만 0.6cm 박는다
앞 몸판 (안)
손등 쪽 (겉)
손바닥 쪽 (안)
⑪포켓의 위아래를 되돌아박기
겉 몸판 (겉)

❷몸판과 소매를 박는다

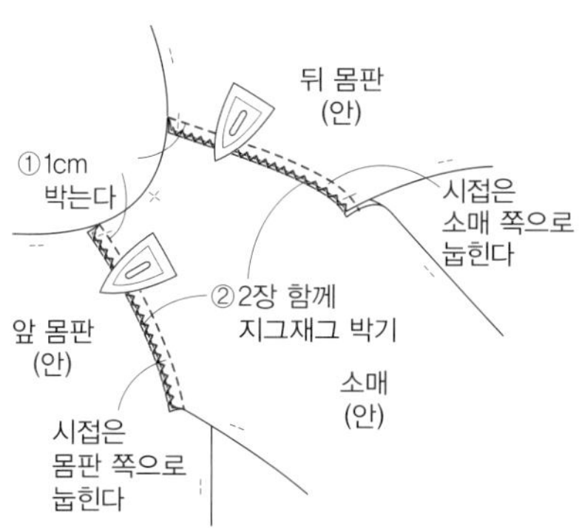

뒤 몸판 (안)
①1cm 박는다
시접은 소매 쪽으로 눕힌다
②2장 함께 지그재그 박기
앞 몸판 (안)
소매 (안)
시접은 몸판 쪽으로 눕힌다

❸안단의 어깨를 박는다

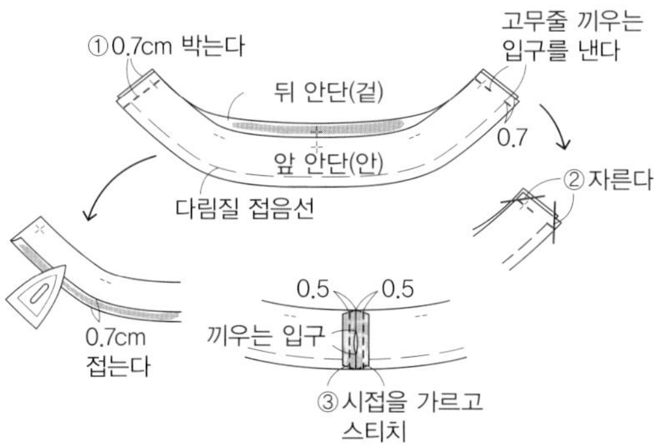

①0.7cm 박는다
고무줄 끼우는 입구를 낸다
뒤 안단(겉)
0.7
앞 안단(안)
②자른다
다림질 접음선
0.7cm 접는다
0.5
0.5
끼우는 입구
③시접을 가르고 스티치

❹몸판과 안단을 박는다

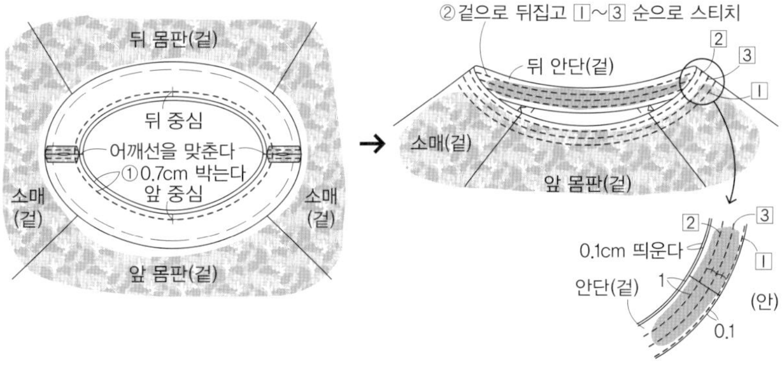

뒤 몸판(겉)
뒤 중심
어깨선을 맞춘다
①0.7cm 박는다
앞 중심
소매 (겉)
소매 (겉)
앞 몸판(겉)
②겉으로 뒤집고 1~3 순으로 스티치
뒤 안단(겉)
2
3
1
소매(겉)
앞 몸판(겉)
0.1cm 띄운다
1
안단(겉)
(안)
0.1

❺소매 밑과 옆을 연결해 박는다

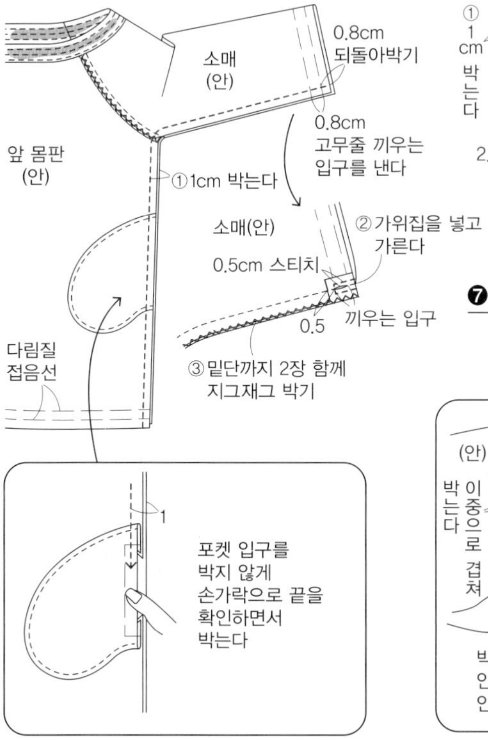

소매 (안)
0.8cm 되돌아박기
0.8cm 고무줄 끼우는 입구를 낸다
앞 몸판 (안)
①1cm 박는다
소매(안)
②가위집을 넣고 가른다
0.5cm 스티치
0.5
끼우는 입구
③밑단까지 2장 함께 지그재그 박기
다림질 접음선
1
포켓 입구를 박지 않게 손가락으로 끝을 확인하면서 박는다

❻벨트의 옆을 박는다

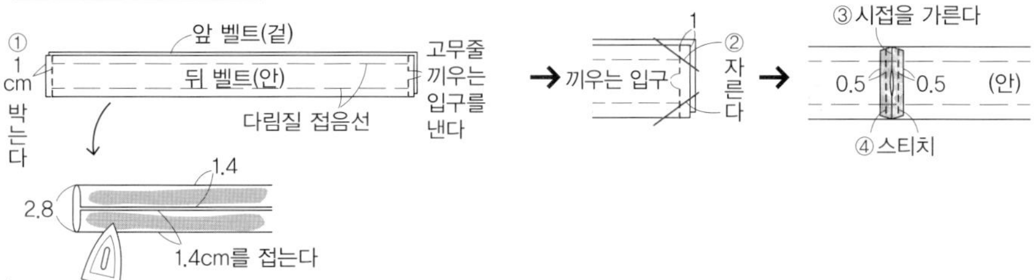

①1cm 박는다
앞 벨트(겉)
뒤 벨트(안)
다림질 접음선
고무줄 끼우는 입구를 낸다
끼우는 입구
1
②자른다
③시접을 가른다
0.5
0.5
(안)
④스티치
1.4
2.8
1.4cm를 접는다

❼몸판에 벨트를 단다

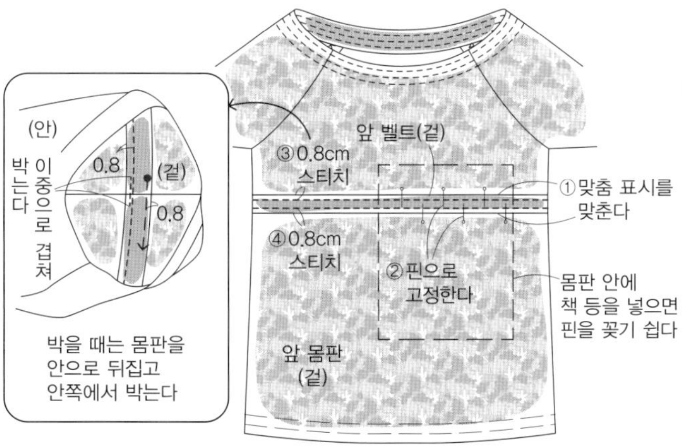

(안)
이중으로 겹쳐 박는다
0.8
(겉)
0.8
박을 때는 몸판을 안으로 뒤집고 안쪽에서 박는다
앞 벨트(겉)
③0.8cm 스티치
④0.8cm 스티치
①맞춤 표시를 맞춘다
②핀으로 고정한다
몸판 안에 책 등을 넣으면 핀을 꽂기 쉽다
앞 몸판 (겉)

❿고무줄을 끼운다

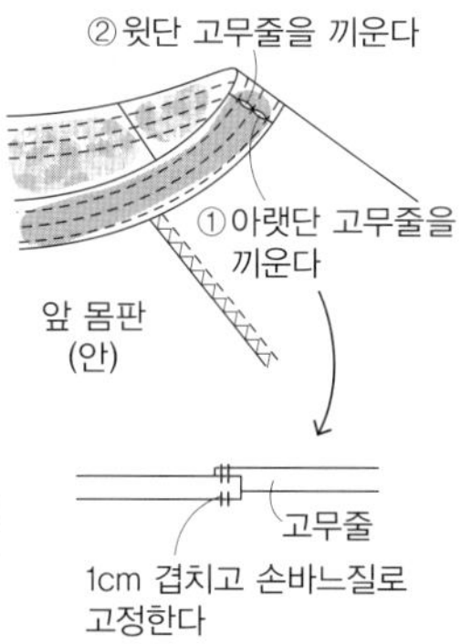

②윗단 고무줄을 끼운다
①아랫단 고무줄을 끼운다
앞 몸판 (안)
고무줄
1cm 겹치고 손바느질로 고정한다

no.06 스목 원피스

p.10／실물 대형 옷본 E면

【재료】(※치수는 왼쪽부터 90／100／110／120／130／140 사이즈)
겉감(붉은색 코튼) 110cm 폭…130／140／150／160／170／180cm
폭 6mm 고무줄…
(목둘레 윗단용)…40／41／42／43／44／45cm 1개
(목둘레 아랫단용)…43／44／45／46／47／48cm 1개

사이즈	90	100	110	120	130	140
가슴둘레	95.7	99.7	103.7	107.7	111.7	115.7
옷 길이	49	54	59	64	69	74

【박는 포인트】
오버로크(지그재그) 재봉틀을 사용하지 않고 재봉할 수 있다. 어깨는 쌈솔, 목 부분은 안단 재봉, 옆은 쌍줄뉜솔로 재봉한다. 겉감이 얇은 경우는 포켓 다는 위치 안쪽에 '바대'를 하면 안심이다(P.91의 ❷를 참조).

【박는 순서】
❶포켓을 만들고, 앞 몸판에 단다(P.87의 ❶을 참조).
❷어깨를 쌈솔로 박는다.
❸안단의 어깨를 박는다(P.67의 ❸을 참조).
❹몸판과 안단을 박는다(P.67의 ❹를 참조).
❺옆을 박고, 소맷부리와 옆의 시접을 마무리한다.
❻밑단을 2번 접어 스티치한다(P.81의 ❽을 참조).
❼목에 고무줄을 끼워 완성(P.67의 ❿을 참조).

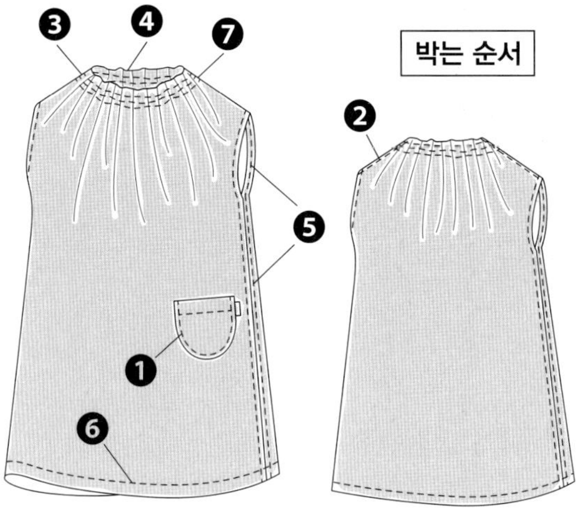

박는 순서
❸
❹
❼
❷
❺
❶
❻

재단 배치도

※천 겉면에 옷본을 배치하고 자른다
※지정된 시접 이외는 1cm
※치수는 위부터 90／100／110／120／130／140 사이즈

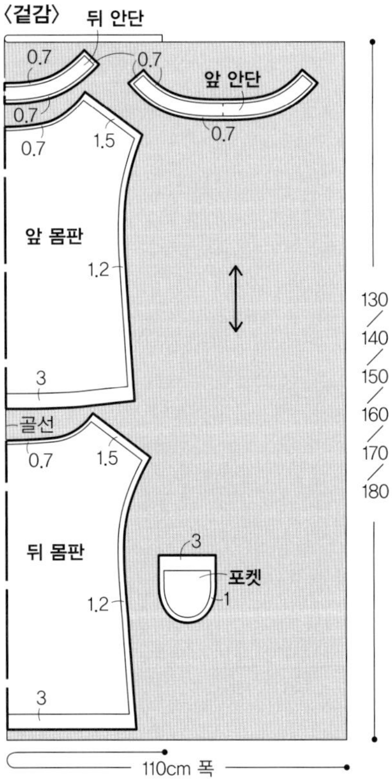

〈겉감〉
뒤 안단
0.7
0.7
앞 안단
0.7
0.7
0.7
1.5
앞 몸판
1.2
3
골선
0.7
1.5
뒤 몸판
1.2
3
3
포켓
1
130／140／150／160／170／180
110cm 폭

❷어깨를 쌈솔로 박는다

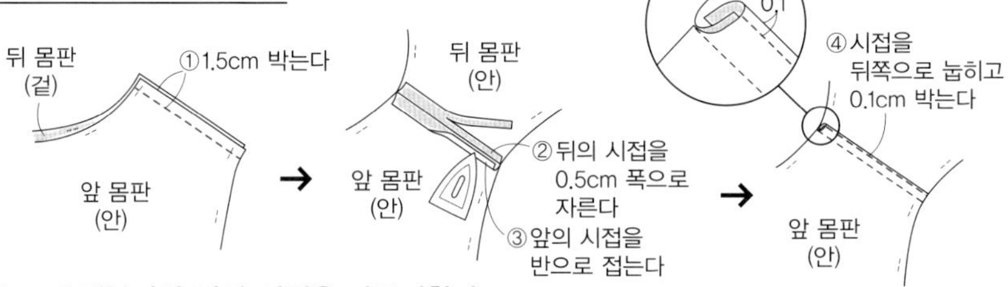

뒤 몸판 (겉)
①1.5cm 박는다
앞 몸판 (안)
뒤 몸판 (안)
앞 몸판 (안)
②뒤의 시접을 0.5cm 폭으로 자른다
③앞의 시접을 반으로 접는다
0.1
④시접을 뒤쪽으로 눕히고 0.1cm 박는다
앞 몸판 (안)

❺옆을 박고, 소맷부리와 옆의 시접을 마무리한다

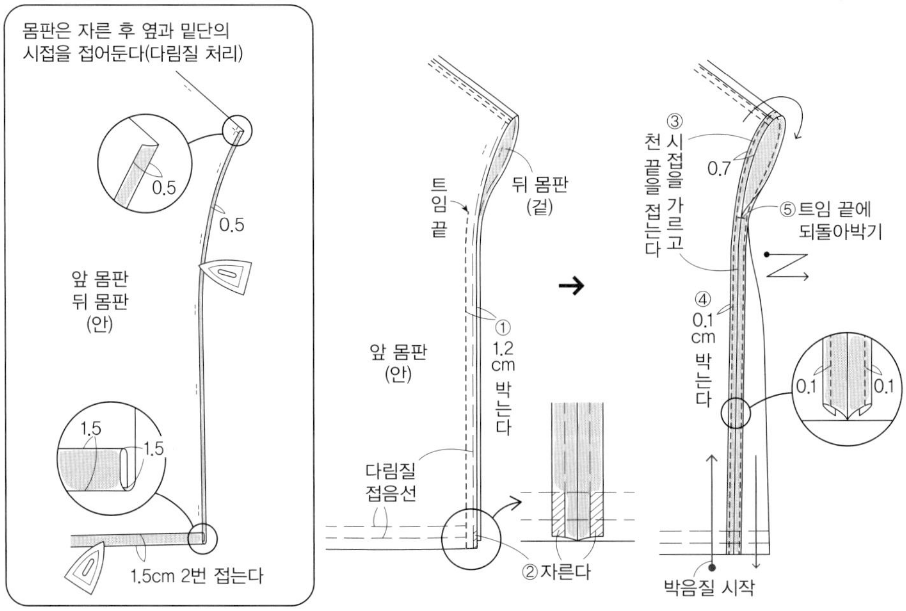

몸판은 자른 후 옆과 밑단의 시접을 접어둔다(다림질 처리)
0.5
0.5
앞 몸판
뒤 몸판
(안)
1.5
1.5
1.5cm 2번 접는다
트임 끝
뒤 몸판 (겉)
앞 몸판 (안)
①1.2cm 박는다
다림질 접음선
②자른다
③시접을 가르고 천 끝을 접는다
0.7
⑤트임 끝에 되돌아박기
④0.1cm 박는다
0.1
0.1
박음질 시작

15 no.15 개더 포셰트

p.19／실물 대형 옷본 B면

【재료】
겉감(퍼플 리넨) 120cm 폭…30cm
다른 천(꽃무늬 프린트) 60cm 폭…20cm
접착심지(겉 본체 분량) 30cm 폭…20cm
지름 10mm 똑딱단추(장식 단추용)…1쌍
지름 13mm 똑딱단추(주머니 입구용)…1쌍

【박는 포인트】
모양이 깔끔하게 나오도록 겉 본체의 안면에 접착심지를 붙인다. 겉 본체와 겉 이음천 각각에 맞춤 표시를 많이 하고, 개더를 균등하게 배분해 박는다. 어깨끈은 시판하는 테이프나 리본을 사용해도 손쉽게 만들 수 있다. 아이 체형에 맞춰 길이를 조절하자.

【박는 순서】
❶이음천에 개더를 잡아 겉 본체와 박고, 똑딱단추를 단다. ※개더를 잡은 겉 이음천을 위로 하고, 송곳을 이용해 천을 내보내며 조금씩 박는다.
❷안 본체에 똑딱단추를 달고, 주위를 박는다.
❸어깨끈을 만든다.
❹어깨끈을 끼우고, 주머니 입구를 박는다.
❺장식 리본을 만들고, 똑딱단추를 달아 완성.

박는 순서

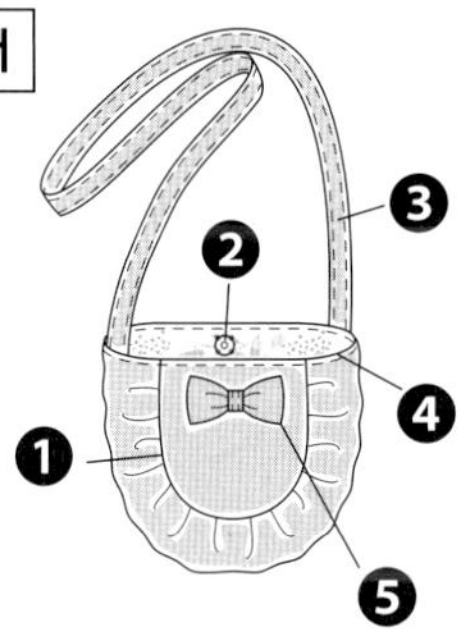
❶
❷
❸
❹
❺

재단 배치도

※천 겉면에 옷본을 배치하고 자른다
※지정된 시접 이외는 1cm
※도트 부분은 접착심지를 붙인다
(P.51을 참조)

〈겉감〉

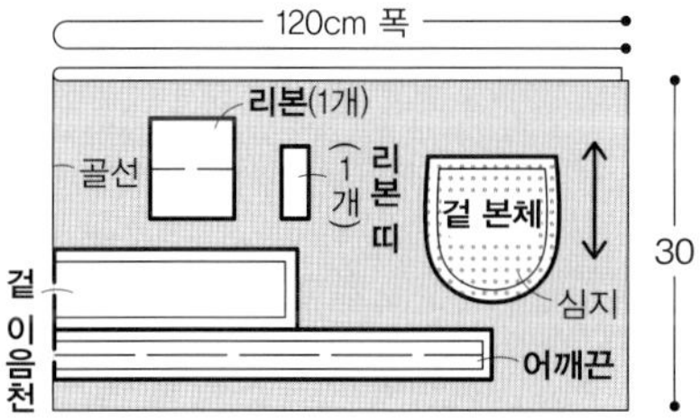
120cm 폭
리본(1개)
골선
1개
리본 띠
겉 본체
심지
30
겉 이음천
어깨끈

〈다른 천〉

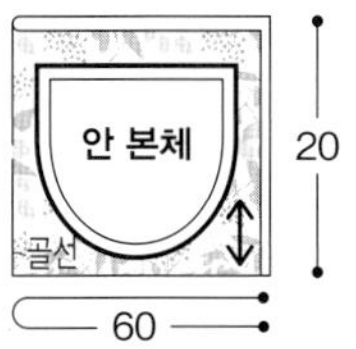
안 본체
골선
20
60

❶겉 본체를 만든다

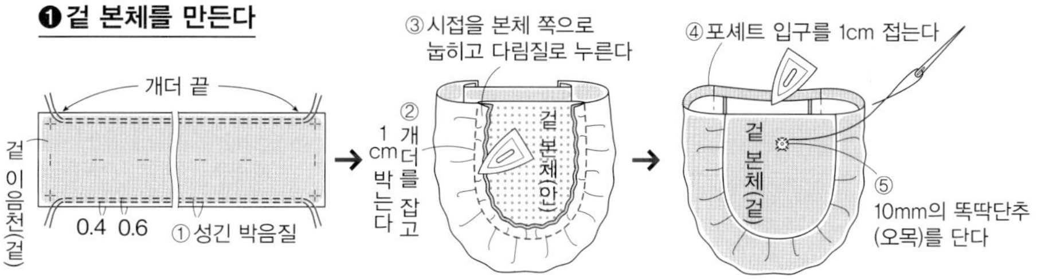
개더 끝
겉 이음천(겉)
0.4 0.6
①성긴 박음질
1cm
②개더를 잡고 박는다
③시접을 본체 쪽으로 눕히고 다림질로 누른다
겉 본체(안)
④포셰트 입구를 1cm 접는다
겉 본체(겉)
⑤10mm의 똑딱단추(오목)를 단다

❷안 본체를 만든다

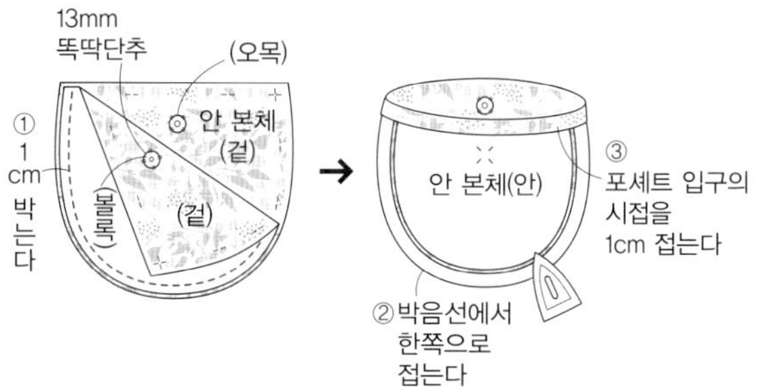
13mm 똑딱단추
(오목)
①1cm 박는다
안 본체(겉)
(볼록)
(겉)
안 본체(안)
③포셰트 입구의 시접을 1cm 접는다
②박음선에서 한쪽으로 접는다

❸어깨끈을 만든다

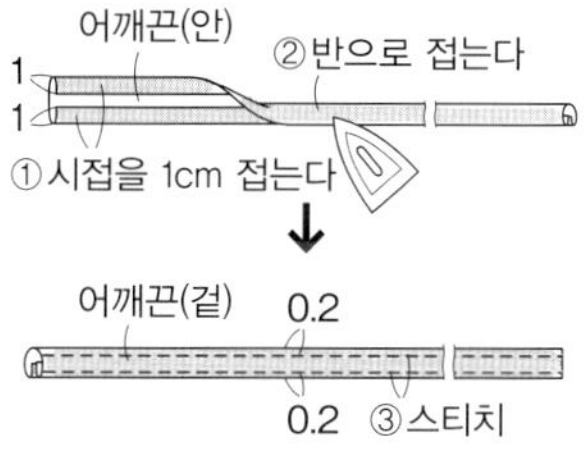
어깨끈(안)
②반으로 접는다
1
1
①시접을 1cm 접는다
어깨끈(겉)
0.2
0.2
③스티치

❹어깨끈을 끼우고, 주머니 입구를 박는다

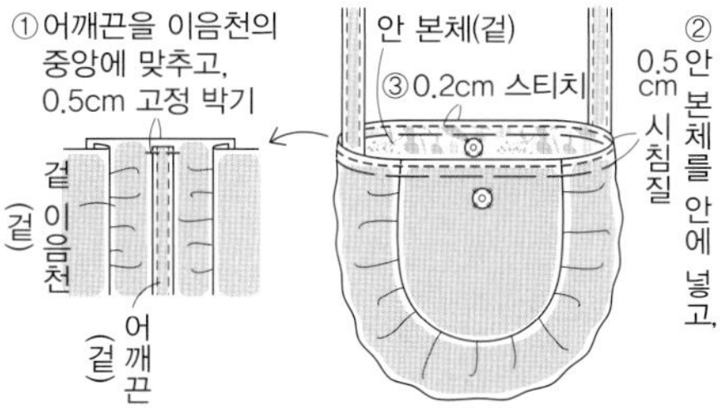
①어깨끈을 이음천의 중앙에 맞추고, 0.5cm 고정 박기
겉 이음천(겉)
어깨끈(겉)
안 본체(겉)
③0.2cm 스티치
②0.5cm 안 본체를 안에 넣고, 시침질

❺장식 리본을 만든다

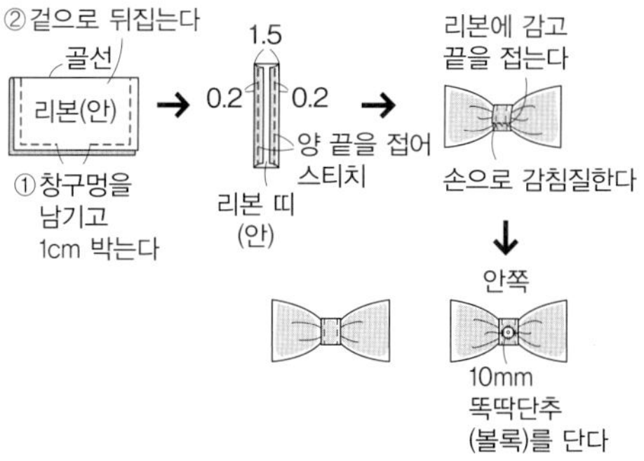
②겉으로 뒤집는다
골선
리본(안)
①창구멍을 남기고 1cm 박는다
1.5
0.2
0.2
양 끝을 접어 스티치
리본 띠(안)
리본에 감고 끝을 접는다
손으로 감침질한다
안쪽
10mm 똑딱단추(볼록)를 단다

10 no.10 니트 티셔츠

p.16／실물 대형 옷본 B면

30 no.30 하이넥 티셔츠

p.36／실물 대형 옷본 B면

【10 재료】(※치수는 왼쪽부터 90／100／110／120／130／140 사이즈)
겉감(작은 꽃무늬 파일직 프레이즈 니트) 170cm 폭…50／50／60／60／65／65cm
폭 12mm 늘어짐 방지 테이프(스트레이트 타입·뒤 몸판의 어깨 분량)…20／20／30／30／30／30cm

【30 재료】(※치수는 왼쪽부터 90／100／110／120／130／140 사이즈)
겉감(핑크 프레이즈 니트) 170cm 폭…50／60／60／60／70／75cm
폭 12mm 늘어짐 방지 테이프(스트레이트 타입·뒤 몸판의 어깨 분량)…30cm

※프레이즈…신축성이 좋은 고무짜기 니트 천.
※겉감은 양면 골지나 와플, 프레이즈 등 신축성이 좋은 니트 천을 사용하자. 저지나 이중직 니트 등 별로 늘어나지 않는 니트 천으로는 만들 수 없다.
※사용하는 천이나 아이 체형에 따라 머리가 들어가지 않는 경우가 있다.

사이즈	90	100	110	120	130	140
가슴둘레	56.2	60.2	64.2	68.2	72.2	76.2
옷 길이	35.1	38.1	41.1	44.1	47.1	50.1
10 소매길이	7.8	8.8	9.8	10.8	11.8	12.8
30 소매길이	29.1	33.1	37.1	41.1	45.1	49.1

재단 배치도

※천 겉면에 옷본을 배치하고 자른다
※지정된 시접 이외는 1cm
※치수는 위부터 90／100／110／120／130／140 사이즈
※사선 부분은 늘어짐 방지 테이프를 붙인다(P.51을 참조)

〈10의 겉감〉

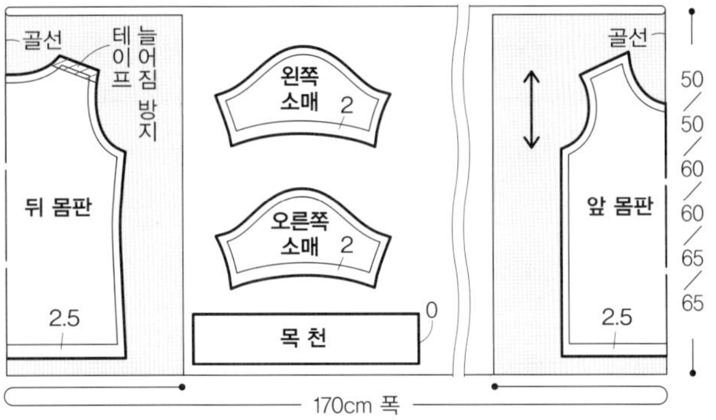

골선
늘어짐 방지 테이프
왼쪽 소매 2
오른쪽 소매 2
뒤 몸판
앞 몸판
목 천
0
2.5
2.5
골선
50／50／60／60／65／65
170cm 폭

〈30의 겉감〉

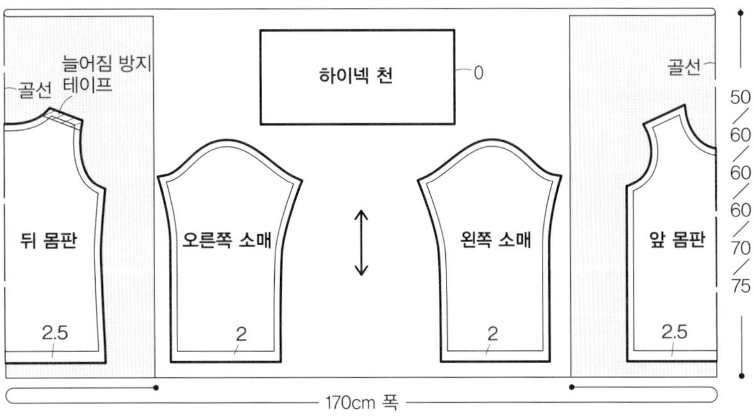

늘어짐 방지 테이프
골선
하이넥 천
0
골선
뒤 몸판
오른쪽 소매
왼쪽 소매
앞 몸판
2.5
2
2
2.5
50／60／60／60／70／75
170cm 폭

【박는 포인트】
목 부분이 딱 맞게 몸판의 목둘레보다 짧은 목 천을 늘이면서 박는다. 밑단이나 소맷부리의 박음선이 우는 경우, 스팀을 분사해 정돈한다. 세탁하면 솔기와 천은 정돈된다.
※실 끊어짐을 방지하기 위해 2개 바늘 오버로크 재봉틀로 박는 것을 권한다. 니트 천을 가정용 재봉틀로 박을 경우의 포인트는 P.48을 참조.

【박는 순서 공통】
❶어깨를 박는다.
❷목 천을 박고, 몸판에 단다.
❸몸판에 소매를 단다. ※소매의 앞뒤가 틀리지 않게 주의하자.
❹소매 밑에서 옆까지 연결해 박는다. ※진동 둘레의 시접은 앞뒤로 서로 다르게 눕히고, 천 두께를 균등하게 하여 높이 차이를 없애면 솔기가 어긋나지 않고, 깔끔하게 완성된다.
❺소맷부리와 밑단을 1번 접어 스티치하여 완성. ※천을 앞뒤로 늘이면서 박으면 실 끊어짐이 줄어든다.

박는 순서

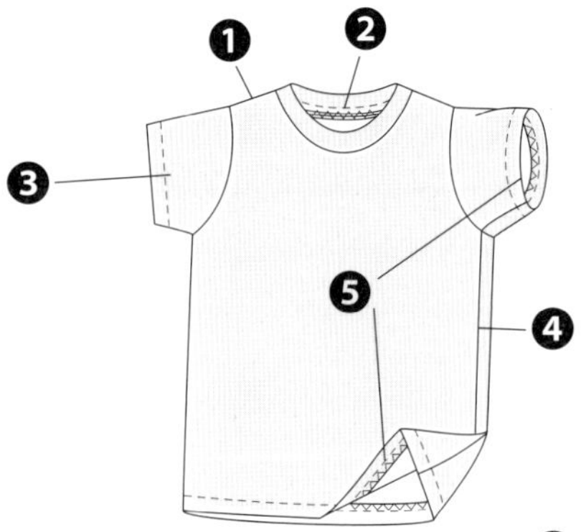

❶
❷
❸
❺
❹

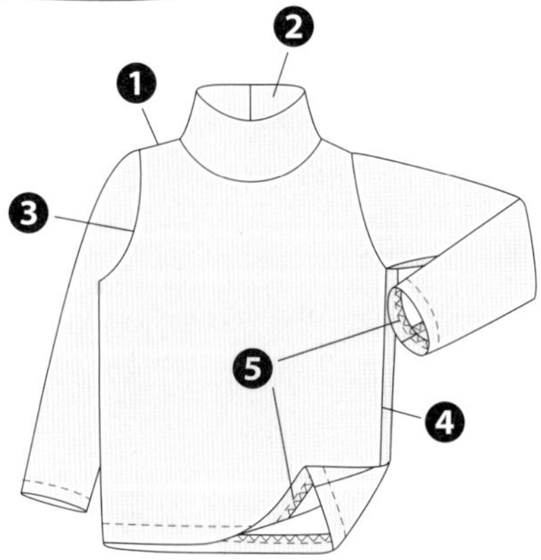

❷
❶
❸
❺
❹

10 니트 티셔츠

❶어깨를 박는다

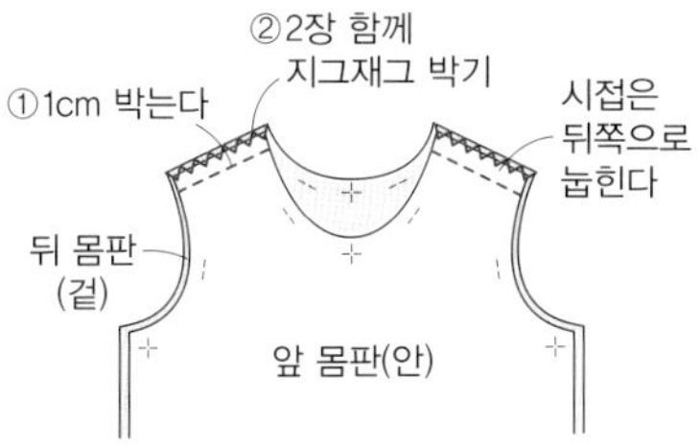
②2장 함께
지그재그 박기
①1cm 박는다
시접은
뒤쪽으로
눕힌다
뒤 몸판
(겉)
앞 몸판(안)

❷목 천을 박고, 몸판에 단다

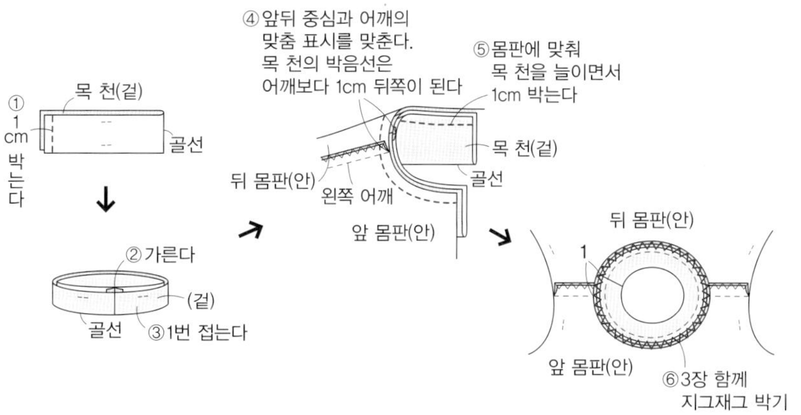
목 천(겉)
①
1
cm
박
는
다
골선
②가른다
(겉)
골선
③1번 접는다
④앞뒤 중심과 어깨의
맞춤 표시를 맞춘다.
목 천의 박음선은
어깨보다 1cm 뒤쪽이 된다
⑤몸판에 맞춰
목 천을 늘이면서
1cm 박는다
목 천(겉)
골선
뒤 몸판(안)
왼쪽 어깨
앞 몸판(안)
뒤 몸판(안)
1
앞 몸판(안)
⑥3장 함께
지그재그 박기

❸몸판에 소매를 단다

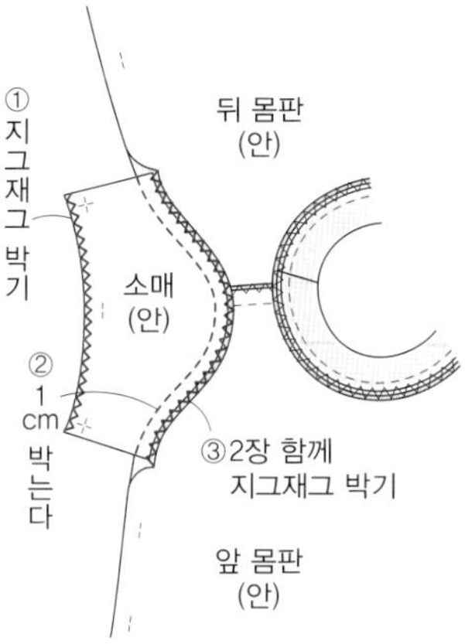
①
지
그
재
그
박
기
뒤 몸판
(안)
소매
(안)
②
1
cm
박
는
다
③2장 함께
지그재그 박기
앞 몸판
(안)

❹소매 밑과 옆을 박는다

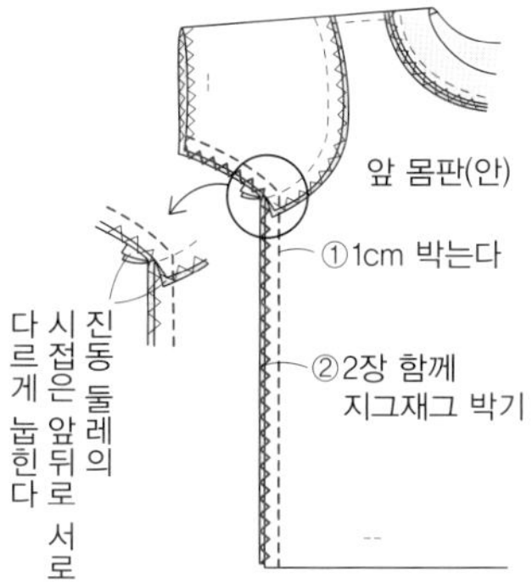
앞 몸판(안)
①1cm 박는다
②2장 함께
지그재그 박기
진동 둘레의
시접은 앞뒤로 서로
다르게 눕힌다

❺소맷부리와 밑단을 마무리한다

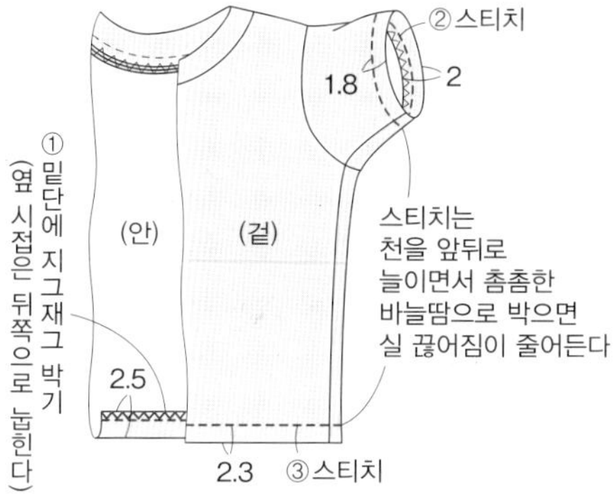
②스티치
1.8
2
①
밑
단
에
지
그
재
그
박
기
(옆 시접은 뒤쪽으로 눕힌다)
(안)
(겉)
스티치는
천을 앞뒤로
늘이면서 촘촘한
바늘땀으로 박으면
실 끊어짐이 줄어든다
2.5
2.3
③스티치

30 하이넥 티셔츠

❶·❸·❺는 니트 티셔츠를 참조

❷ 목 천을 박고, 몸판에 단다

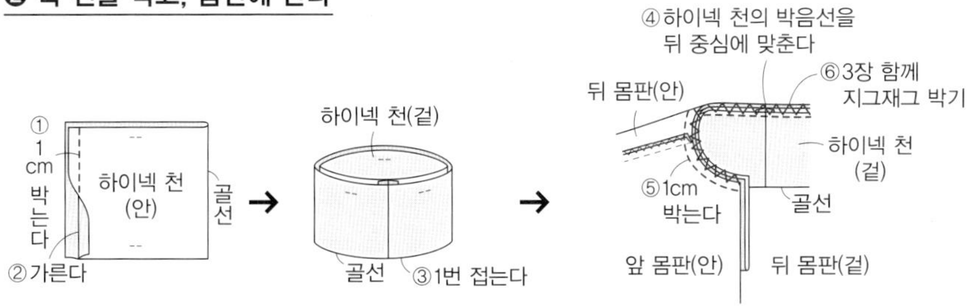
①
1
cm
박
는
다
하이넥 천
(안)
골
선
②가른다
하이넥 천(겉)
골선
③1번 접는다
④하이넥 천의 박음선을
뒤 중심에 맞춘다
뒤 몸판(안)
⑥3장 함께
지그재그 박기
하이넥 천
(겉)
⑤1cm
박는다
골선
앞 몸판(안)
뒤 몸판(겉)

❹옆을 박는다

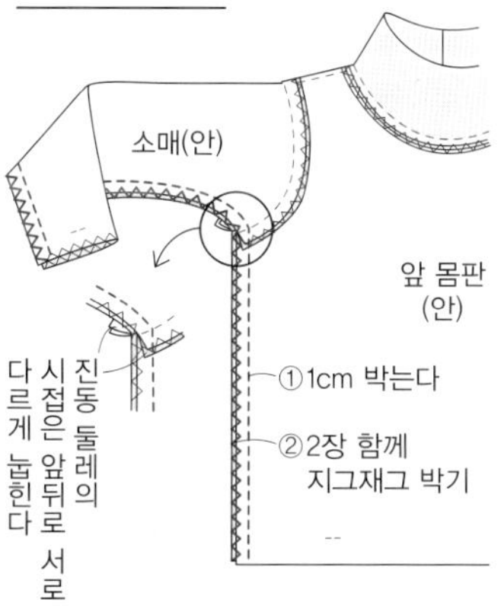
소매(안)
앞 몸판
(안)
①1cm 박는다
②2장 함께
지그재그 박기
진동 둘레의
시접은 앞뒤로 서로
다르게 눕힌다

no.11 크롭트 팬츠

p.16／실물 대형 옷본 E면

【재료】(※치수는 왼쪽부터 90／100／110／120／130／140 사이즈)
겉감(그린 코튼 트윌) 112cm 폭…70／80／80／90／90／100cm
다른 천(꽃무늬 코튼) 40cm 폭…20cm
※코튼 트윌…두껍고 튼튼한 능직의 천.
※앞 포켓 주머니 천인 다른 천은 겉감이 얇은 경우 같은 천으로도 가능 (이 경우는 겉감 치수를 10cm 추가한다).
폭 5mm 고무줄…42.5／44／46／48／50／52cm 2개

사이즈	90	100	110	120	130	140
총길이(CF)	36.5	39.5	42.5	45.5	48.5	51.5
허리둘레	57.8	61.8	65.8	70.8	75.8	80.8
밑위(CF)	15.8	16.8	17.8	18.8	19.8	20.8
밑아래(곡선)	21	23	25	27	29	31

【박는 포인트】
앞 포켓의 주머니 천은 얇은 천이 박기 쉽고, 리버티 등의 자투리 천을 사용해도 멋스럽다. 허리는 고무줄을 교체할 수 있게 왼쪽 옆에 고무줄 끼우는 입구의 트임을 남기고 완성한다.

【박는 순서】
❶앞 포켓을 만든다.
❷뒤 포켓 입구를 2번 접어 박고, 아래에 개더를 잡는다.
❸뒤 팬츠에 포켓을 단다.
※뒤 포켓의 개더 부분은 먼저 아래를 겉끼리 맞대어 박은 뒤 스티치하면 깔끔하게 완성된다. 송곳을 이용해 개더를 배분해 박는다.
❹앞뒤 팬츠의 밑위를 각각 박고, 스티치한다.
❺허리 이음천과 앞뒤 팬츠를 각각 박고, 스티치한다.
※이음천의 시접은 앞뒤로 서로 다르게 눕힌다.
❻옆과 밑아래를 박고, 천 끝을 마무리한다. ※왼쪽 옆은 고무줄 끼우는 입구를 남기고 박는다.
❼밑단을 2번 접어 스티치한다(P.81의 ❽을 참조).
❽허리를 2번 접어 스티치하고, 고무줄을 2개 끼워 완성(P.86의 ❻을 참조).

재단 배치도

※천 겉면에 옷본을 배치하고 자른다
※지정된 시접 이외는 1cm
※치수는 위부터 90／100／110／120／130／140 사이즈

〈겉감〉

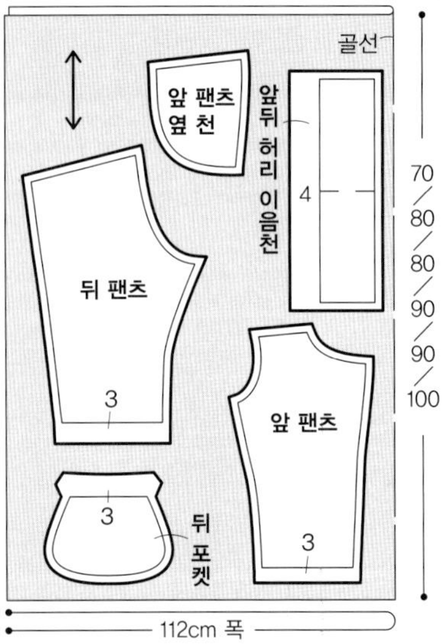
골선
앞 팬츠 옆 천
앞뒤 허리 이음천
4
뒤 팬츠
3
앞 팬츠
3
3
뒤 포켓
70／80／80／90／90／100
112cm 폭

〈다른 천〉

앞 포켓 주머니 천

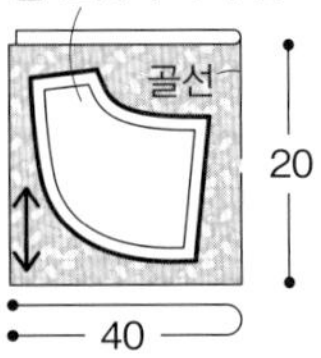
골선
20
40

박는 순서

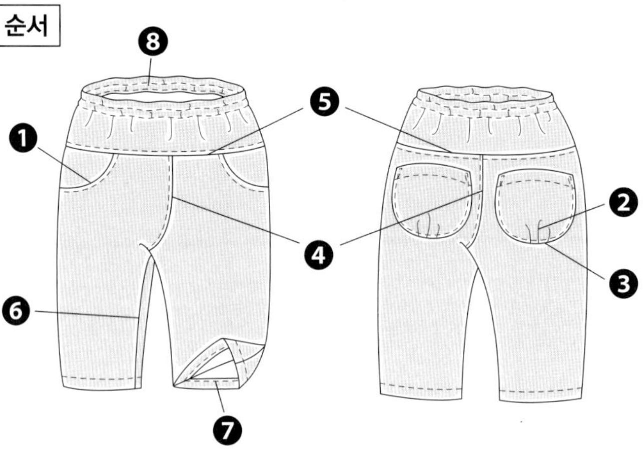
❽
❺
❶
❷
❹
❸
❻
❼

❶앞 포켓을 만든다

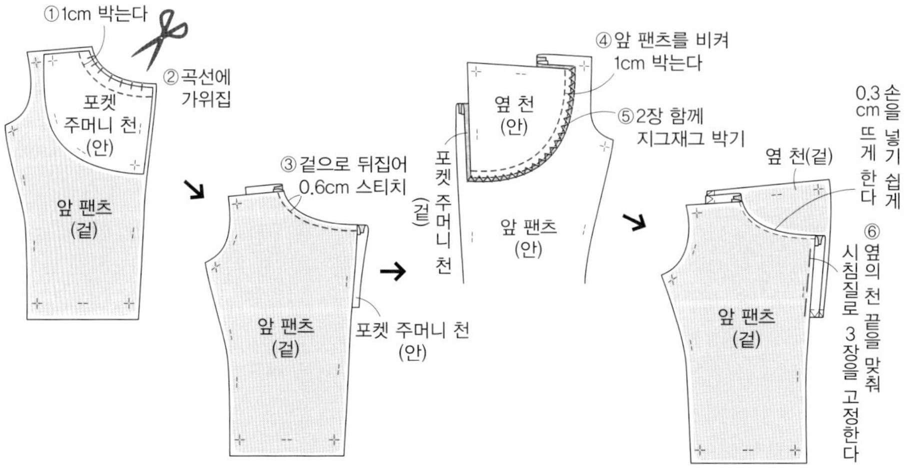
①1cm 박는다
②곡선에 가위집
포켓 주머니 천 (안)
앞 팬츠 (겉)
③겉으로 뒤집어 0.6cm 스티치
앞 팬츠 (겉)
포켓 주머니 천 (안)
④앞 팬츠를 비켜 1cm 박는다
옆 천 (안)
⑤2장 함께 지그재그 박기
포켓 주머니 천 (겉)
앞 팬츠 (안)
옆 천(겉)
0.3cm
손을 넣기 쉽게 뜨게 한다
⑥옆의 천 끝을 맞춰 시침질로 3장을 고정한다
앞 팬츠 (겉)

❷뒤 포켓을 만든다

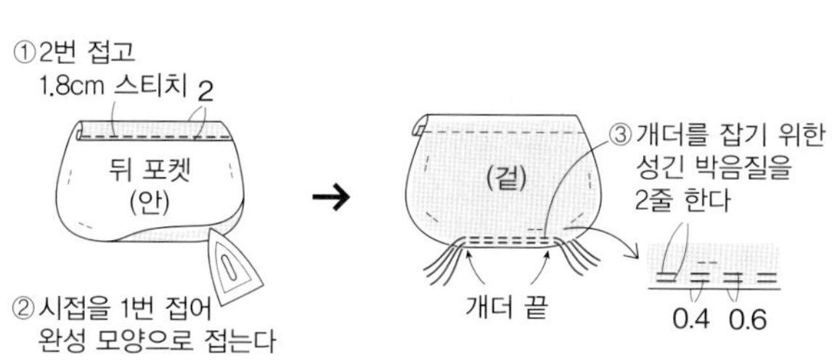

①2번 접고
1.8cm 스티치 2
뒤 포켓
(안)
②시접을 1번 접어
완성 모양으로 접는다
(겉)
③개더를 잡기 위한
성긴 박음질을
2줄 한다
개더 끝
0.4 0.6

❸뒤 팬츠에 포켓을 단다

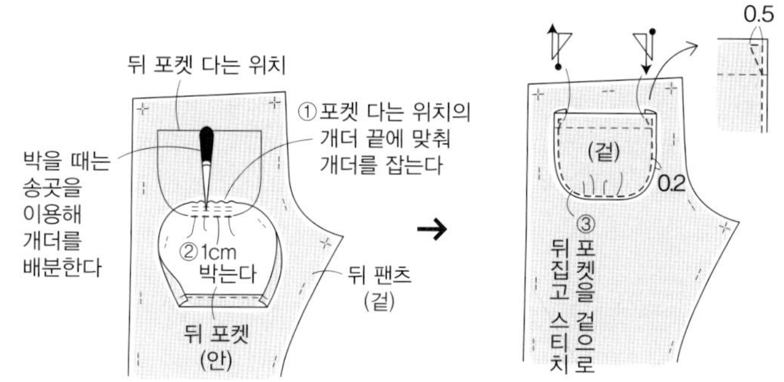

뒤 포켓 다는 위치
박을 때는
송곳을
이용해
개더를
배분한다
①포켓 다는 위치의
개더 끝에 맞춰
개더를 잡는다
②1cm
박는다
뒤 포켓
(안)
뒤 팬츠
(겉)
0.5
(겉)
0.2
③
포켓을 겉으로
뒤집고 스티치

❹앞뒤 팬츠의 밑위를 각각 박는다

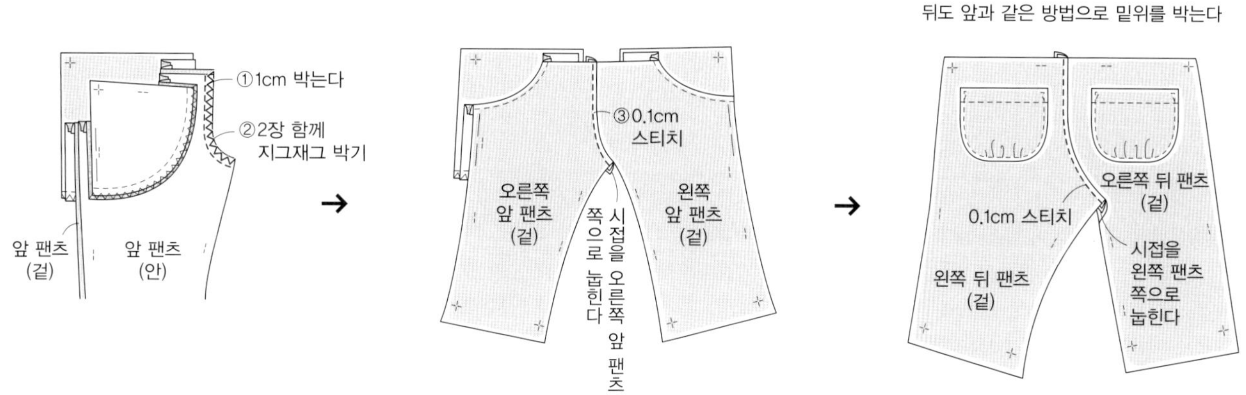

①1cm 박는다
②2장 함께
지그재그 박기
앞 팬츠
(겉)
앞 팬츠
(안)
③0.1cm
스티치
오른쪽
앞 팬츠
(겉)
왼쪽
앞 팬츠
(겉)
시접을 오른쪽 앞 팬츠
쪽으로 눕힌다
뒤도 앞과 같은 방법으로 밑위를 박는다
오른쪽 뒤 팬츠
(겉)
0.1cm 스티치
시접을
왼쪽 팬츠
쪽으로
눕힌다
왼쪽 뒤 팬츠
(겉)

❺허리 이음천과 앞뒤 팬츠를 박는다

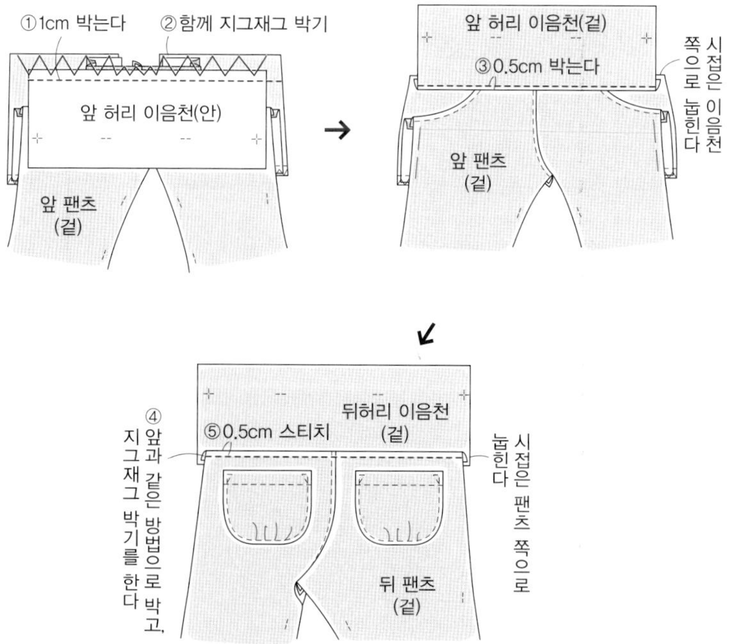

①1cm 박는다
②함께 지그재그 박기
앞 허리 이음천(안)
앞 팬츠
(겉)
앞 허리 이음천(겉)
③0.5cm 박는다
시접은 이음천
쪽으로 눕힌다
앞 팬츠
(겉)
뒤허리 이음천
(겉)
⑤0.5cm 스티치
④앞과 같은 방법으로 박고,
지그재그 박기를 한다
시접은 팬츠 쪽으로
눕힌다
뒤 팬츠
(겉)

❻옆과 밑아래를 박는다

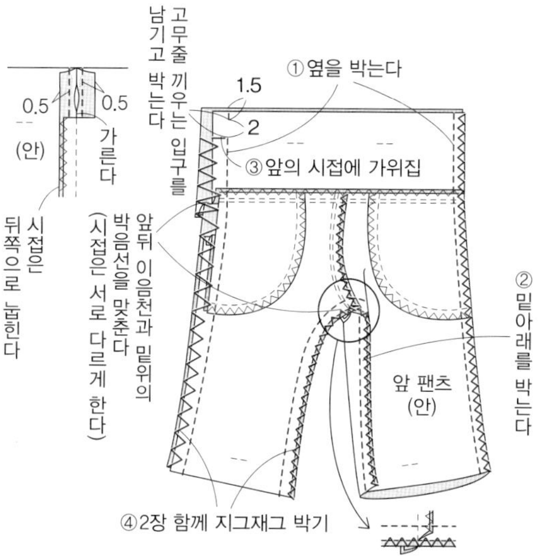

0.5
0.5
(안)
가른다
시접은
뒤쪽으로 눕힌다
고무줄 끼우는 입구를
남기고 박는다
1.5
①옆을 박는다
2
③앞의 시접에 가위집
앞뒤 이음천과 밑위의
박음선을 맞춘다
(시접은 서로 다르게 한다)
②
밑아래를 박는다
앞 팬츠
(안)
④2장 함께 지그재그 박기

12 no.12 플리츠 스커트

p.17／실물 대형 옷본 B면

【재료】(※치수는 왼쪽부터 90／100／110／120／130／140 사이즈)
겉감(코튼 리넨) 110cm 폭…70／70／80／80／90／90cm
다른 천(덩거리 등 얇은 천) 20cm 폭…30cm
폭 20mm 늘어짐 방지 테이프(하프 바이어스 타입 · 포켓 입구 분량)…15cm
폭 5mm 고무줄…42.5／44／46／48／50／52cm 2개

사이즈	90	100	110	120	130	140
허리	57.9	61.9	65.9	69.9	73.9	77.9
스커트 길이(CB)	25.5	28.5	31.5	34.5	37.5	40.5

【박는 포인트】
세탁 후 다림질이 필요 없게 플리트의 산과 안쪽은 스티치로 눌러 재봉한다. 처음에 밑단을 2번 접어 스티치로 마무리하고, 플리트를 접어 스티치한다. 이 순서를 헷갈리면 밑단의 스티치를 할 수 없으니 주의하자. 허리는 고무줄을 교체할 수 있게 왼쪽 옆에 고무줄 끼우는 입구의 트임을 남기고 완성한다.

재단 배치도

※천 겉면에 옷본을 배치하고 자른다
※지정된 시접 이외는 1cm
※치수는 위부터 90／100／110／120／130／140 사이즈
※사선 부분은 늘어짐 방지 테이프를 붙인다(P.51을 참조)

〈다른 천〉

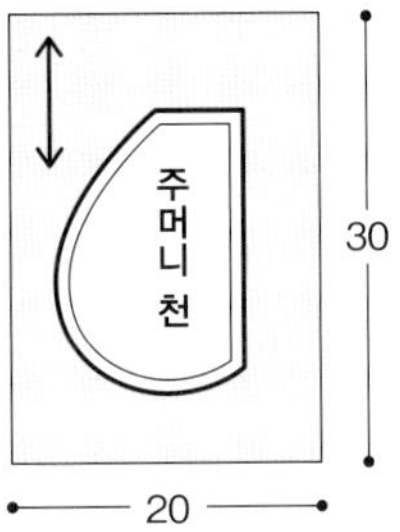
주머니 천
30
20

〈겉감〉

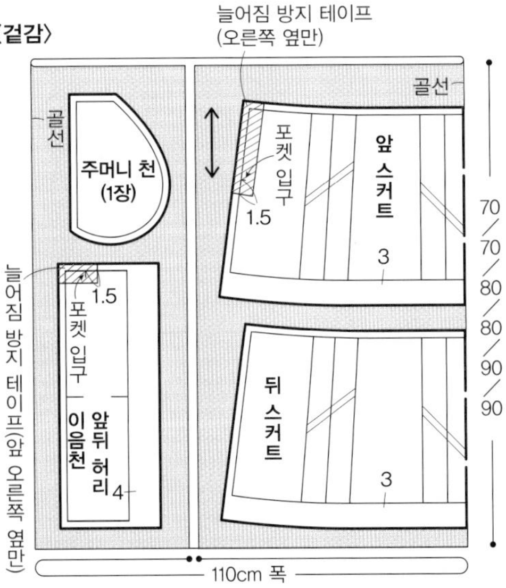
늘어짐 방지 테이프
(오른쪽 옆만)
골선
골선
주머니 천
(1장)
포켓 입구
1.5
앞 스커트
3
늘어짐 방지 테이프(앞 오른쪽 옆만)
1.5
포켓 입구
앞뒤 허리 이음천
4
뒤 스커트
3
70／70／80／80／90／90
110cm 폭

【박는 순서】
❶다림질로 밑단을 2번 접고 앞뒤 스커트의 플리트를 접는다.
❷앞뒤 스커트의 옆을 중간까지 박고, 밑단을 2번 접어 스티치한다.
※옆은 위까지 박으면 허리 이음천과 맞춰 박을 수 없으니 주의하자.
❸플리트의 산과 안쪽에 스티치한다.
❹스커트와 허리 이음천을 박는다.
❺오른쪽 옆에 포켓을 만들고, 옆을 박는다.
❻왼쪽 옆을 박는다. 허리는 고무줄 끼우는 입구를 남기고 박는다.
❼허리를 2번 접어 스티치하고, 고무줄을 2개 끼워 완성.

박는 순서

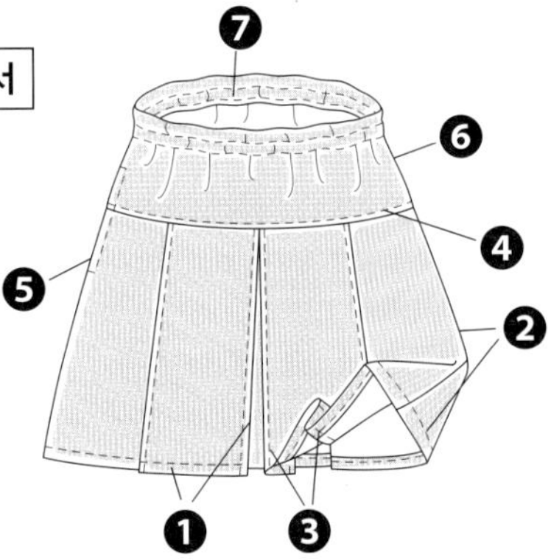
❼
❻
❹
❺
❷
❶
❸

❶플리트를 접는다

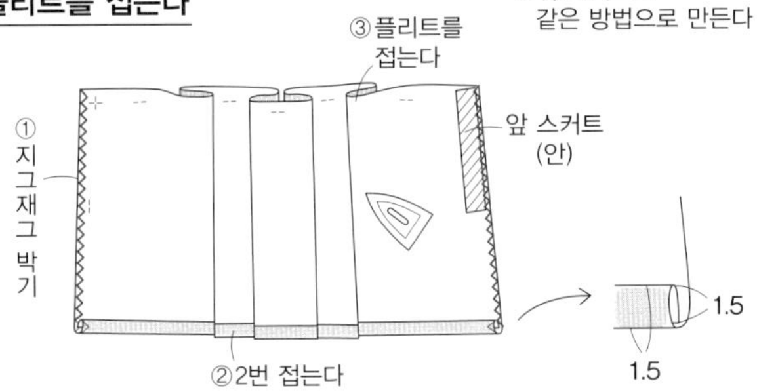
※뒤 스커트도 같은 방법으로 만든다
③플리트를 접는다
①지그재그 박기
앞 스커트 (안)
②2번 접는다
1.5
1.5

❷양옆을 중간까지 박는다

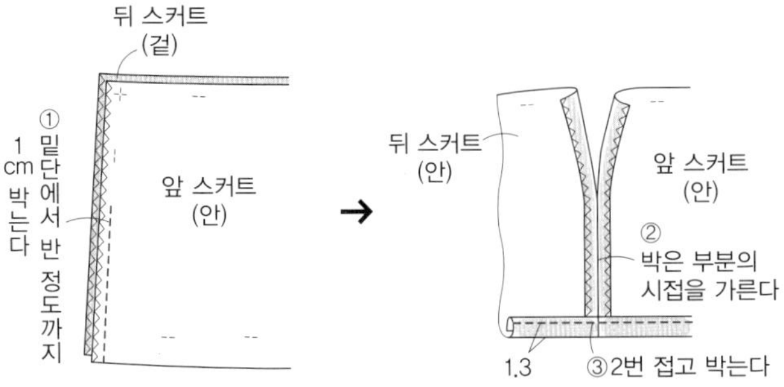
뒤 스커트 (겉)
①밑단에서 반 정도까지
1cm 박는다
앞 스커트 (안)
뒤 스커트 (안)
앞 스커트 (안)
②박은 부분의 시접을 가른다
1.3
③2번 접고 박는다

❸플리트에 스티치한다

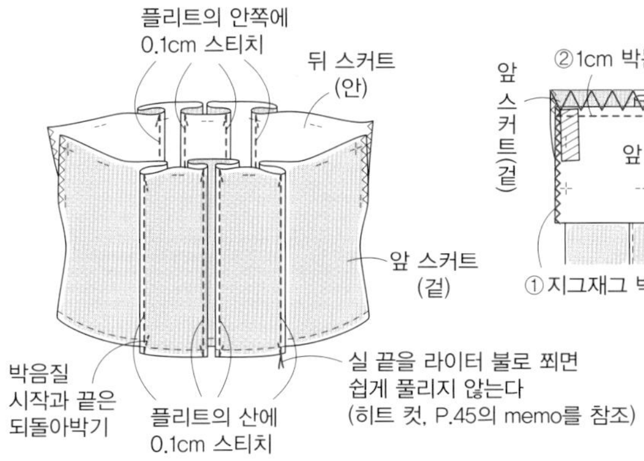
플리트의 안쪽에
0.1cm 스티치
뒤 스커트
(안)
앞 스커트
(겉)
박음질
시작과 끝은
되돌아박기
플리트의 산에
0.1cm 스티치
실 끝을 라이터 불로 쬐면
쉽게 풀리지 않는다
(히트 컷, P.45의 memo를 참조)

❹스커트와 허리 이음천을 박는다

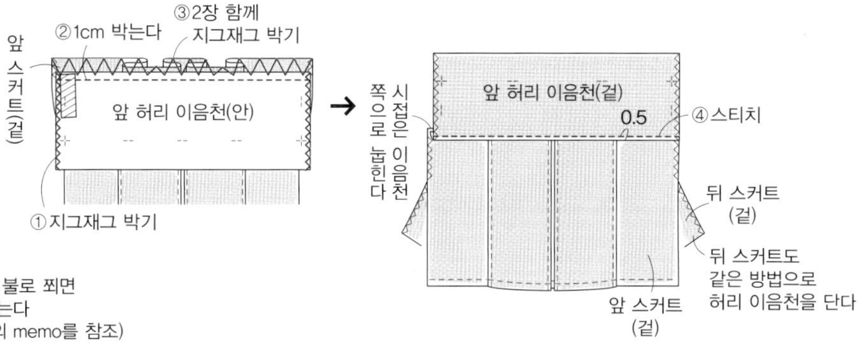
앞 스커트(겉)
②1cm 박는다
③2장 함께
지그재그 박기
앞 허리 이음천(안)
①지그재그 박기
시접은 이음천 쪽으로 눕힌다
앞 허리 이음천(겉)
0.5
④스티치
뒤 스커트
(겉)
뒤 스커트도
같은 방법으로
허리 이음천을 단다
앞 스커트
(겉)

❺오른쪽 옆에 포켓을 만들고, 옆을 박는다

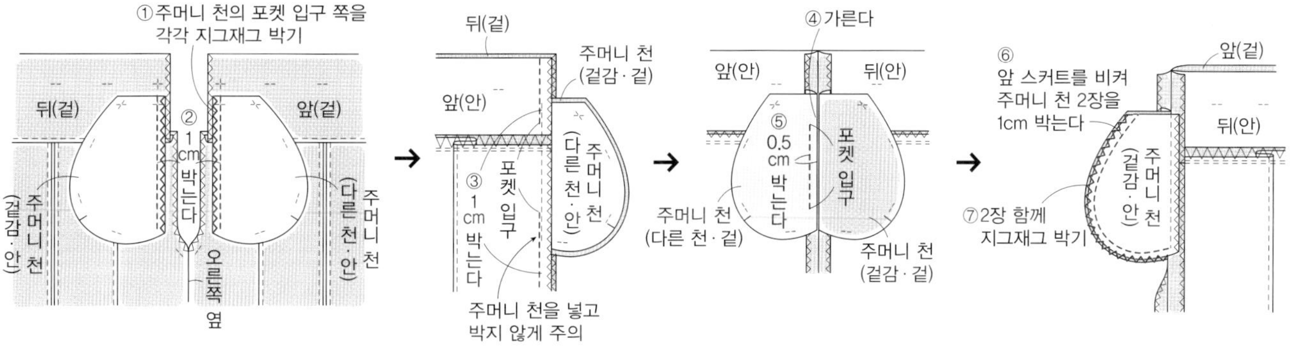
①주머니 천의 포켓 입구 쪽을
각각 지그재그 박기
뒤(겉)
앞(겉)
② 1 cm 박는다
주머니 천(겉감·안)
주머니 천(다른 천·안)
오른쪽 옆
뒤(겉)
주머니 천
(겉감·겉)
앞(안)
③ 1 cm 박는다
포켓 입구
주머니 천(다른 천·안)
주머니 천을 넣고
박지 않게 주의
④가른다
앞(안)
뒤(안)
⑤ 0.5 cm 박는다
포켓 입구
주머니 천
(다른 천·겉)
주머니 천
(겉감·겉)
⑥
앞 스커트를 비켜
주머니 천 2장을
1cm 박는다
앞(겉)
뒤(안)
주머니 천(겉감·안)
⑦2장 함께
지그재그 박기

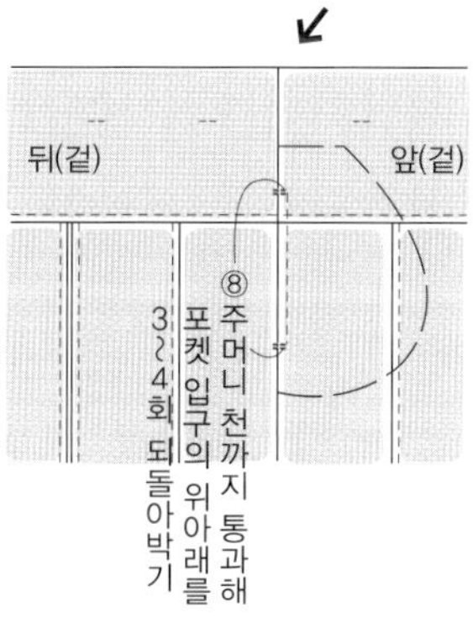
뒤(겉)
앞(겉)
⑧주머니 천까지 통과해
포켓 입구의 위아래를
3~4회 되돌아박기

❻왼쪽 옆을 박는다

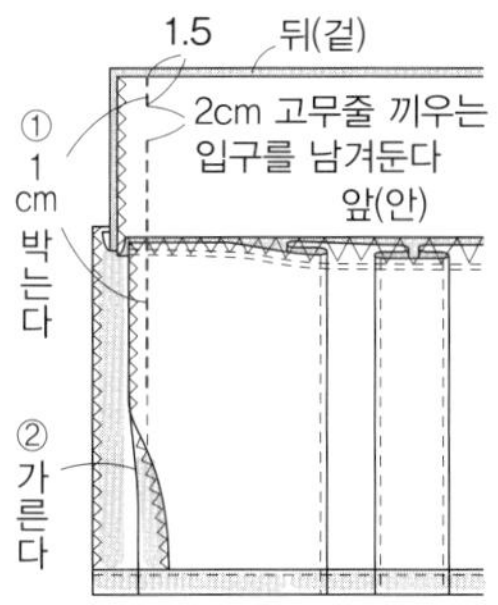
1.5
뒤(겉)
① 1 cm 박는다
2cm 고무줄 끼우는
입구를 남겨둔다
앞(안)
② 가른다

❼허리를 마무리한다

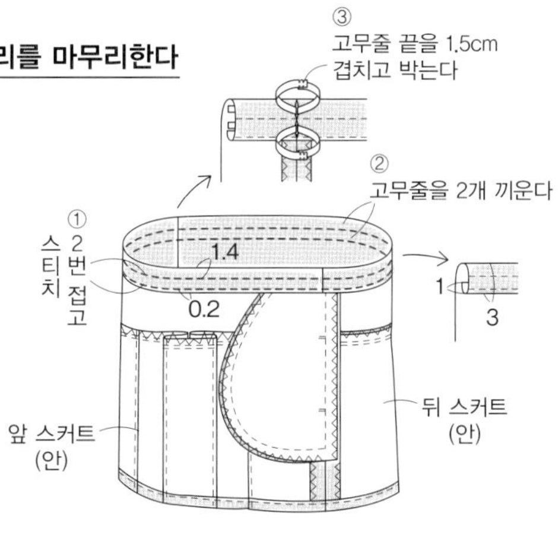
③
고무줄 끝을 1.5cm
겹치고 박는다
②
고무줄을 2개 끼운다
① 2번 접고 스티치
1.4
0.2
1
3
앞 스커트
(안)
뒤 스커트
(안)

13 no.13 둥근 칼라 블라우스

p.18／실물 대형 옷본 D면

【재료】(※치수는 왼쪽부터 90／100／110／120／130／140 사이즈)
겉감(꽃무늬 프린트) 110cm 폭…80／80／90／100／110／120cm
다른 천(퍼플 리넨) 40cm 폭…40cm
접착심지(앞 안단 · 안 칼라 분량) 60cm 폭…50／50／60／60／65／65cm
지름 13mm 싸개 단추…5쌍
폭 5mm 고무줄…16.5／17.5／18.5／19.5／20.5／21.5cm 2개
※싸개 단추는 다른 천으로 감싼다. 시판하는 단추를 사용해도 된다.

사이즈	90	100	110	120	130	140
가슴둘레	68.1	72.1	76.1	80.1	84.1	88.1
옷 길이	36.9	39.9	42.9	45.9	48.9	51.9
소매길이	11.6	12.1	13.1	14.1	15.1	16.1

【박는 포인트】
앞트임 부분은 간단히 할 수 있는 이어서 재단하는 안단 재봉으로. 몸판의 단춧구멍 부분까지 안단에 심지를 붙인다. 소맷부리는 입기 편하고 박기도 간단한 고무줄로 개더를 잡는 유형으로 한다.

【박는 순서】
❶뒤 몸판에 개더를 잡고, 뒤 요크와 박는다(P.96의 ❸을 참조).
❷어깨를 박고, 안단 끝을 마무리한다.
❸칼라를 만든다.
❹몸판에 칼라를 달고, 안단을 정돈한다.
❺옆을 박고, 슬릿을 마무리한다.
❻밑단을 2번 접어 시침핀으로 고정하고, 칼라 다는 끝에서 앞 끝, 밑단, 옆까지 연결해 스티치한다.
❼소매를 만든다.
❽몸판에 소매를 단다.
❾소맷부리에 고무줄을 끼운다.
❿단춧구멍을 만들고, 단추를 달아 완성(P.65의 ❽을 참조 · 첫 단추는 가로 구멍, 나머지는 모두 세로 구멍).

재단 배치도

※천 겉면에 옷본을 배치하고 자른다
※지정된 시접 이외는 1cm
※치수는 위부터 90／100／110／120／130／140 사이즈
※도트 부분은 접착심지를 붙인다(P.51을 참조)

〈다른 천〉

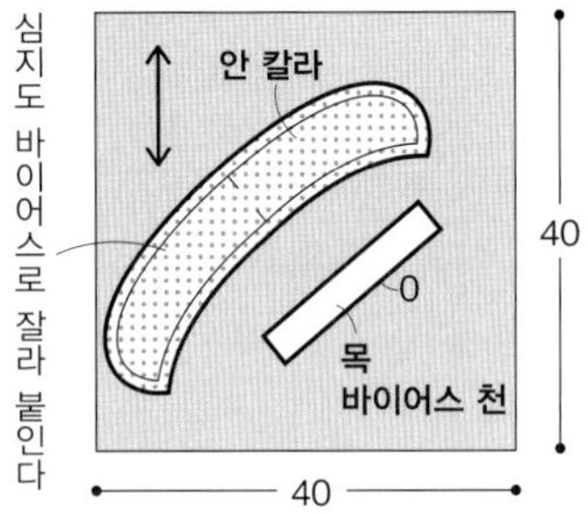
심지도 바이어스로 잘라 붙인다
안 칼라
0
목 바이어스 천
40
40

〈겉감〉

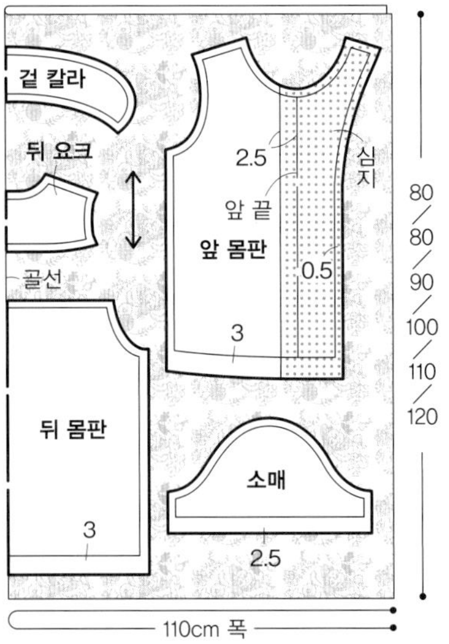
겉 칼라
뒤 요크
골선
2.5
앞 끝
앞 몸판
0.5
심지
3
뒤 몸판
3
소매
2.5
80／80／90／100／110／120
110cm 폭

박는 순서

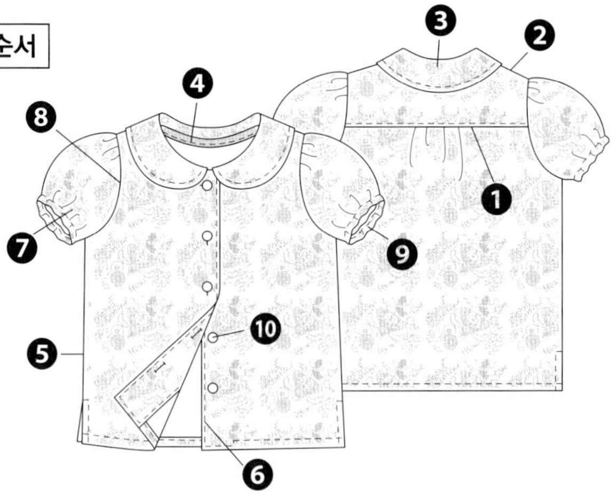

❷어깨를 박는다

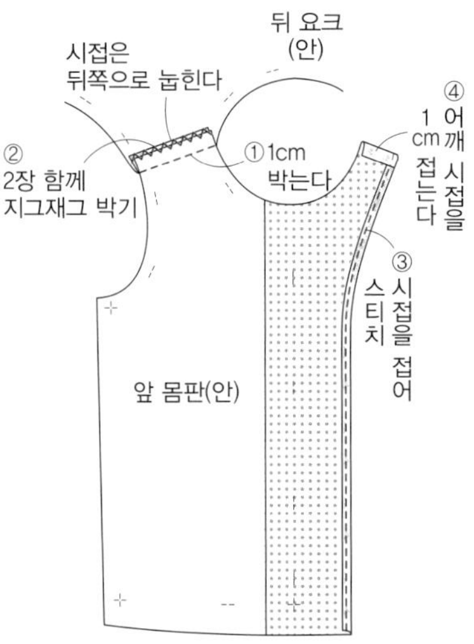
뒤 요크 (안)
시접은 뒤쪽으로 눕힌다
② 2장 함께 지그재그 박기
①1cm 박는다
④ 1cm 접는다 어깨 시접을
③ 시접을 접어 스티치
앞 몸판(안)

❸칼라를 만든다

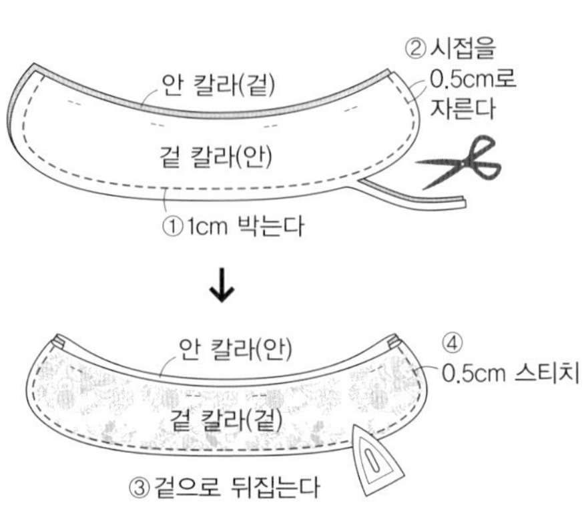
안 칼라(겉)
②시접을 0.5cm로 자른다
겉 칼라(안)
①1cm 박는다
안 칼라(안)
④ 0.5cm 스티치
겉 칼라(겉)
③겉으로 뒤집는다

❹몸판에 칼라를 달고, 안단을 정돈한다

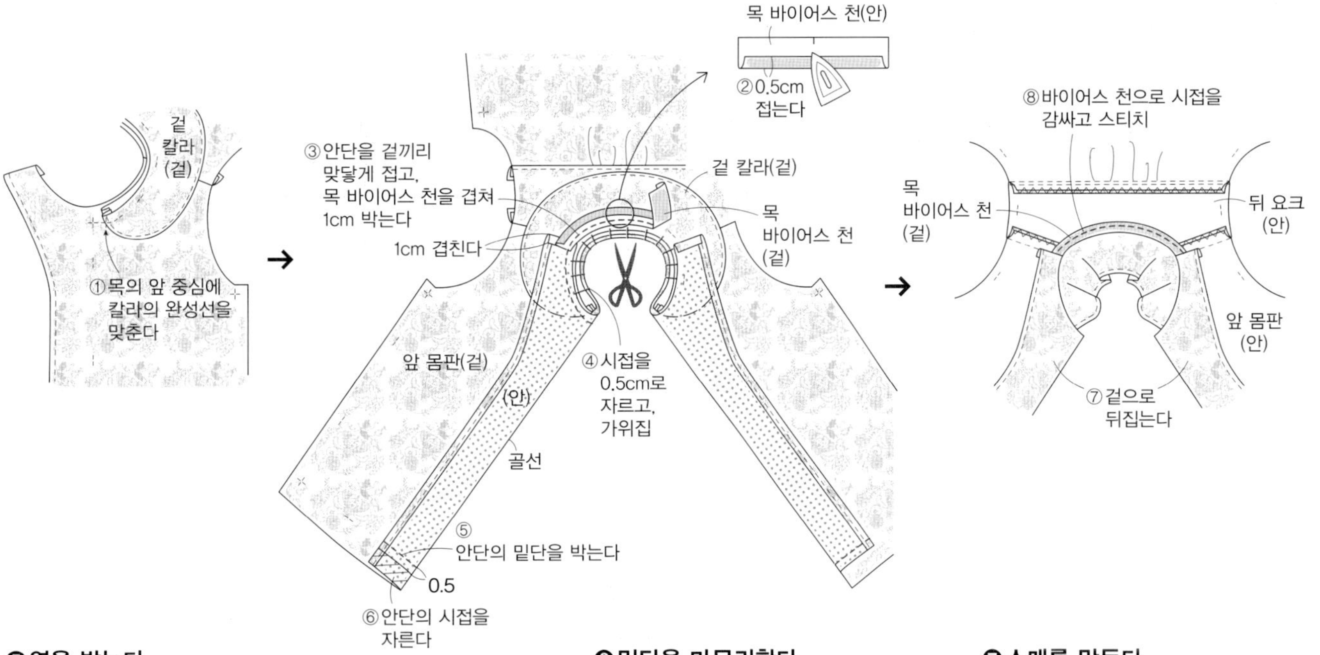
겉 칼라(겉)
①목의 앞 중심에 칼라의 완성선을 맞춘다
목 바이어스 천(안)
②0.5cm 접는다
③안단을 겉끼리 맞닿게 접고, 목 바이어스 천을 겹쳐 1cm 박는다
1cm 겹친다
겉 칼라(겉)
목 바이어스 천(겉)
앞 몸판(겉)
(안)
④시접을 0.5cm로 자르고, 가위집
골선
⑤안단의 밑단을 박는다
0.5
⑥안단의 시접을 자른다
⑧바이어스 천으로 시접을 감싸고 스티치
목 바이어스 천(겉)
뒤 요크(안)
앞 몸판(안)
⑦겉으로 뒤집는다

❺옆을 박는다

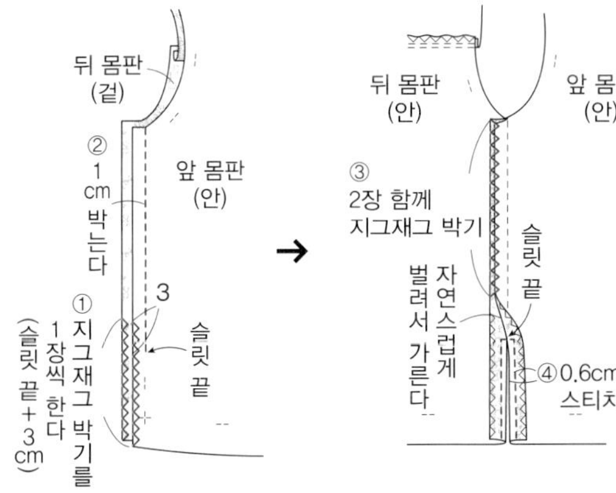
뒤 몸판(겉)
②1cm 박는다
앞 몸판(안)
3
①지그재그 박기를 1장씩 한다(슬릿 끝+3cm)
슬릿 끝
뒤 몸판(안)
앞 몸판(안)
③2장 함께 지그재그 박기
자연스럽게 벌려서 가른다
슬릿 끝
④0.6cm 스티치

❻밑단을 마무리한다

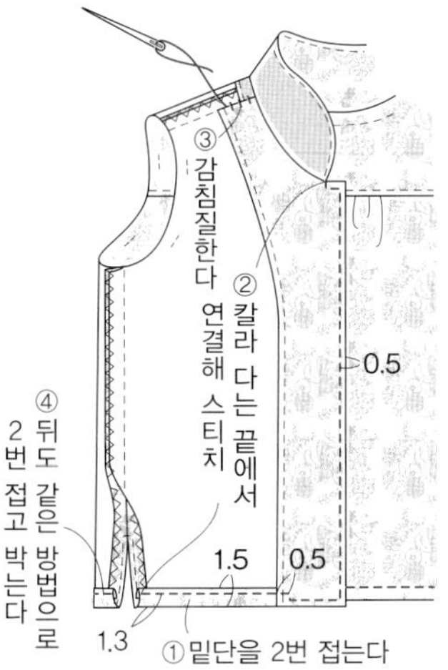
③감침질한다
②칼라 다는 끝에서 연결해 스티치
0.5
④뒤도 같은 방법으로 2번 접고 박는다
1.5
0.5
1.3
①밑단을 2번 접는다

❼소매를 만든다

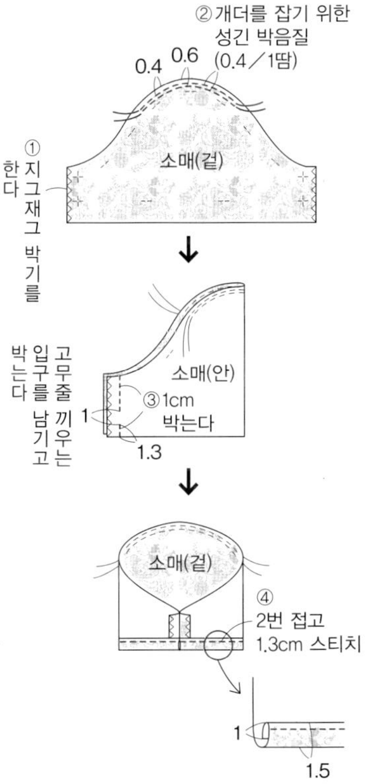
②개더를 잡기 위한 성긴 박음질 (0.4／1땀)
0.4
0.6
①지그재그 박기를 한다
소매(겉)
고무줄 끼우는 입구를 남기고 박는다
소매(안)
③1cm 박는다
1
1.3
소매(겉)
④2번 접고 1.3cm 스티치
1
1.5

❽소매를 단다

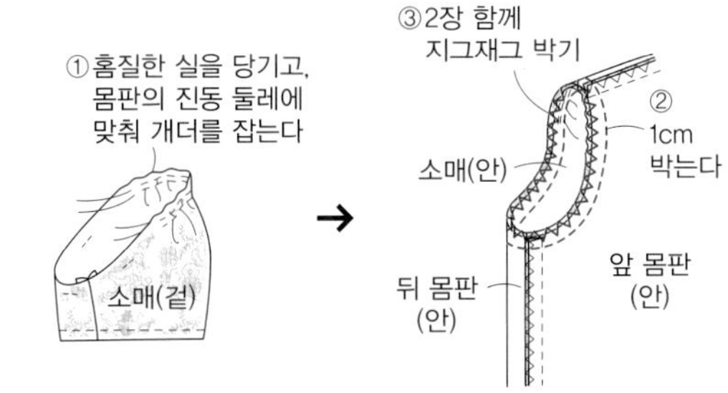
①홈질한 실을 당기고, 몸판의 진동 둘레에 맞춰 개더를 잡는다
소매(겉)
③2장 함께 지그재그 박기
②1cm 박는다
소매(안)
뒤 몸판(안)
앞 몸판(안)

❾소맷부리에 고무줄을 끼운다

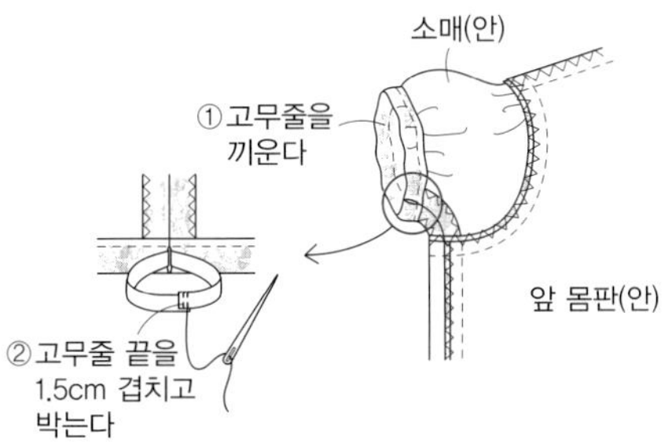
소매(안)
①고무줄을 끼운다
②고무줄 끝을 1.5cm 겹치고 박는다
앞 몸판(안)

14, 34

no.14, 34 서큘러 스커트

p.18, 40／실물 대형 옷본 B면

【14 재료】(※치수는 왼쪽부터 90／100／110／120／130／140 사이즈)
겉감(퍼플 리넨) 120cm 폭…70／70／80／80／90／125cm
다른 천(꽃무늬 프린트) 110cm 폭…30cm

【34 재료】
겉감(머스터드색 가는 골 코듀로이) 105cm 폭…80／90／100／125／140／155cm

【공통 재료】
폭 5mm 고무줄…42.5／44／46／48／50／52cm 2개
폭 20mm 늘어짐 방지 테이프(하프 바이어스 타입 · 포켓 입구 분량)…20cm

사이즈	90	100	110	120	130	140
허리둘레	61.8	65.8	69.8	73.8	77.8	81.8
스커트 길이	23.4	26.4	29.4	32.4	35.4	38.4

【박는 포인트】
허리는 다른 천으로 이어 깔끔하게 재봉한다. 재단은 천을 효율적으로 배치할 수 있어 경제적. 밑단은 곡선이지만 바이어스 방향이라 주름지지 않게 박을 수 있다. 스커트의 이음 부분은 바이어스 방향이므로 늘어나지 않게 주의해 박자.

【박는 순서】
❶앞 스커트의 오른쪽 옆 시접에 늘어짐 방지 테이프를 다림질로 붙인다. 스커트의 오른쪽 옆을 박고, 포켓을 만든다.
❷스커트의 왼쪽 옆과 앞뒤 중심을 박는다.
❸밑단을 2번 접어 스티치한다.
❹허리 벨트의 옆을 박는다.
❺스커트에 허리 벨트를 달고, 고무줄을 2개 끼워 완성.

박는 순서

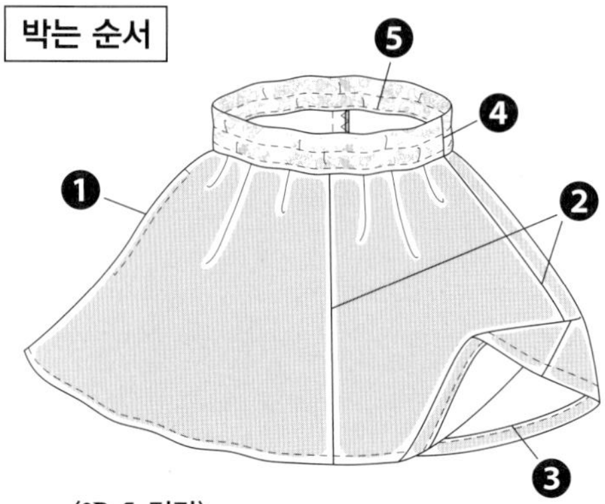

❶
❷
❸
❹
❺

재단 배치도

※천 겉면에 옷본을 배치하고 자른다
※지정된 시접 이외는 1cm
※치수는 위부터 90／100／110／120／130／140 사이즈
※사선 부분은 늘어짐 방지 테이프를 붙인다
(P.51을 참조)

〈14 다른 천〉

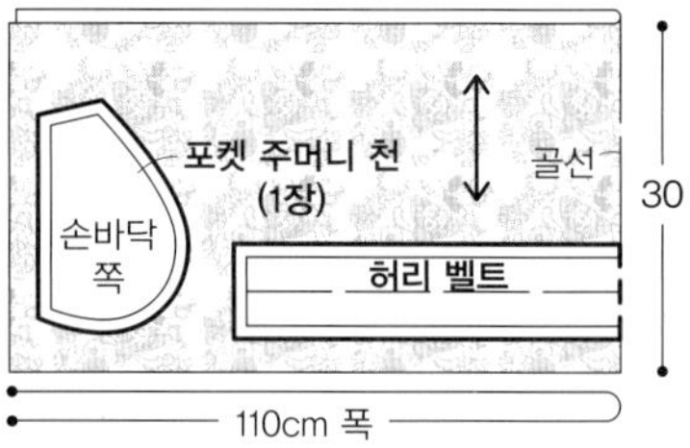

포켓 주머니 천
(1장)
손바닥 쪽
골선
허리 벨트
30
110cm 폭

〈14 겉감〉

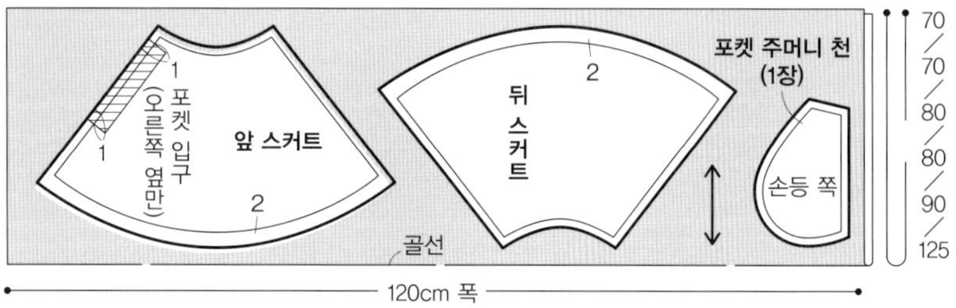

1
포켓 입구
(오른쪽 옆만)
1
앞 스커트
2
2
뒤 스커트
포켓 주머니 천
(1장)
손등 쪽
골선
70／70／80／80／90／125
120cm 폭

〈34 겉감〉

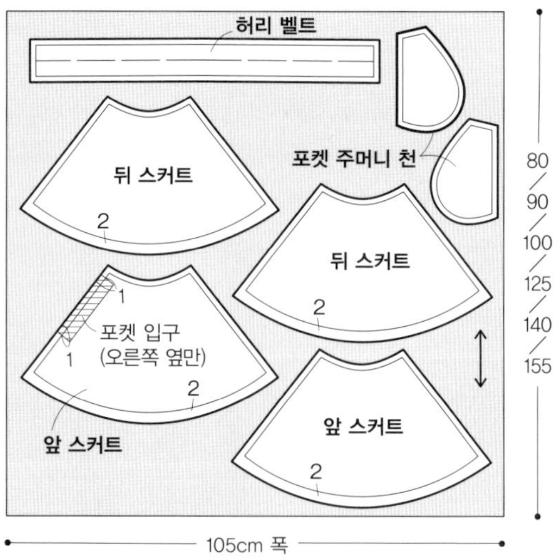

허리 벨트
뒤 스커트
2
포켓 주머니 천
뒤 스커트
2
1
포켓 입구
(오른쪽 옆만)
1
2
앞 스커트
앞 스커트
2
80／90／100／125／140／155
105cm 폭

❶오른쪽 옆을 박고, 포켓을 만든다

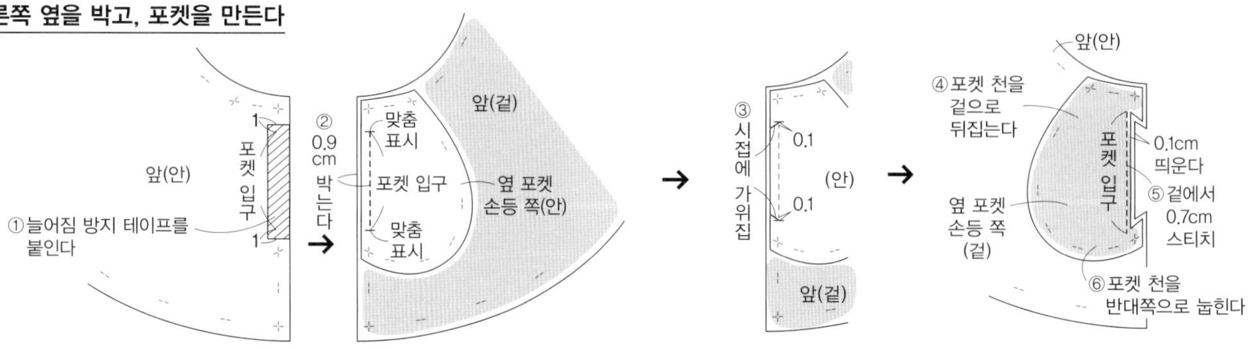

앞(안)
1
포켓 입구
1
①늘어짐 방지 테이프를 붙인다
②0.9cm 박는다
맞춤 표시
포켓 입구
맞춤 표시
앞(겉)
옆 포켓 손등 쪽(안)
③시접에 가위집
0.1
0.1
(안)
앞(겉)
앞(안)
④포켓 천을 겉으로 뒤집는다
포켓 입구
0.1cm 띄운다
⑤겉에서 0.7cm 스티치
옆 포켓 손등 쪽 (겉)
⑥포켓 천을 반대쪽으로 눕힌다

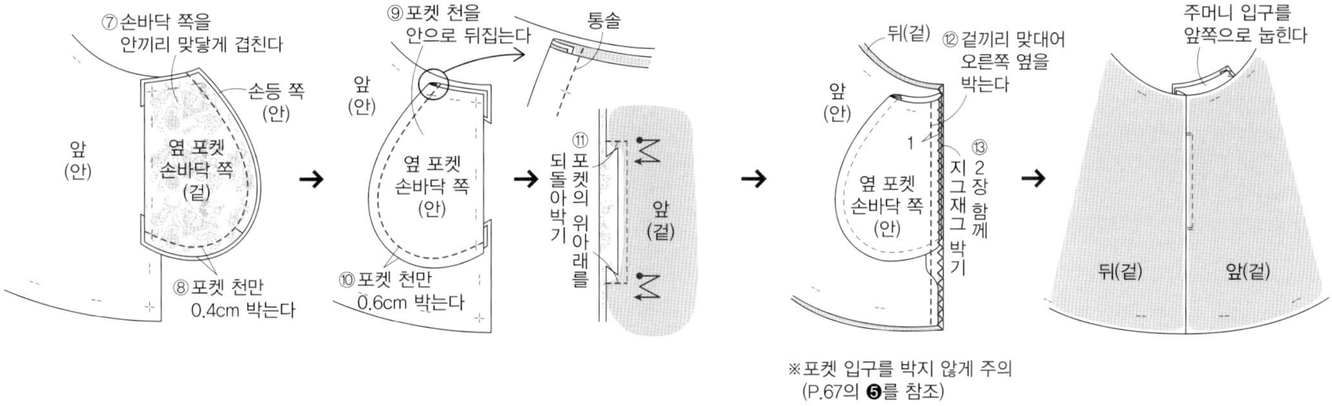
⑦손바닥 쪽을
안끼리 맞닿게 겹친다
손등 쪽
(안)
앞
(안)
옆 포켓
손바닥 쪽
(겉)
⑧포켓 천만
0.4cm 박는다
⑨포켓 천을
안으로 뒤집는다
통솔
앞
(안)
옆 포켓
손바닥 쪽
(안)
⑩포켓 천만
0.6cm 박는다
⑪포켓의 위아래를
되돌아박기
앞
(겉)
뒤(겉)
⑫겉끼리 맞대어
오른쪽 옆을
박는다
앞
(안)
1
옆 포켓
손바닥 쪽
(안)
⑬2장 함께
지그재그 박기
주머니 입구를
앞쪽으로 눕힌다
뒤(겉)
앞(겉)
※포켓 입구를 박지 않게 주의
(P.67의 ❺를 참조)

❷왼쪽 옆과 앞뒤 중심을 박는다

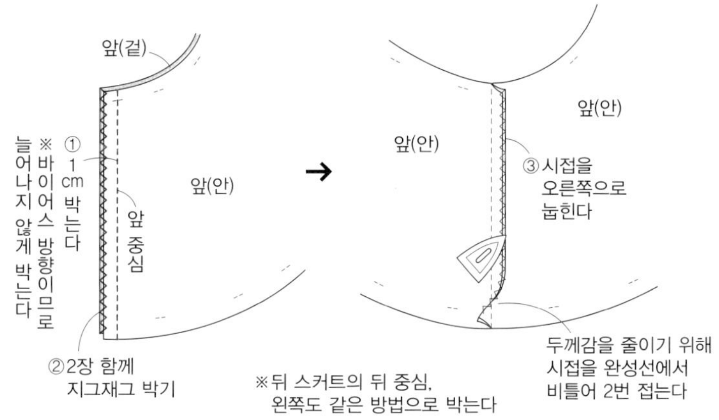
앞(겉)
①1cm 박는다
※바이어스 방향이므로
늘어나지 않게 박는다
앞 중심
앞(안)
②2장 함께
지그재그 박기
앞(안)
앞(안)
③시접을
오른쪽으로
눕힌다
※뒤 스커트의 뒤 중심,
왼쪽도 같은 방법으로 박는다
두께감을 줄이기 위해
시접을 완성선에서
비틀어 2번 접는다

❸밑단을 마무리한다

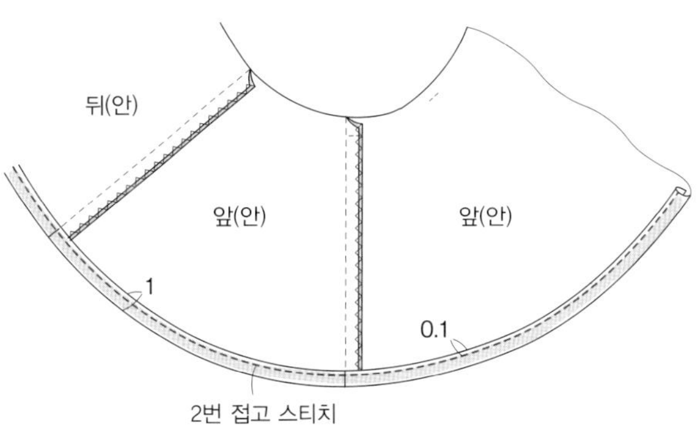
뒤(안)
앞(안)
앞(안)
1
0.1
2번 접고 스티치

❹허리 벨트의 옆을 박는다

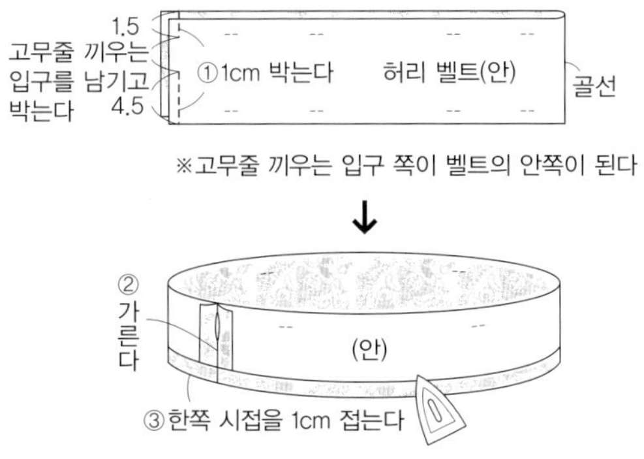
1.5
고무줄 끼우는
입구를 남기고
박는다
4.5
①1cm 박는다
허리 벨트(안)
골선
※고무줄 끼우는 입구 쪽이 벨트의 안쪽이 된다
②가른다
(안)
③한쪽 시접을 1cm 접는다

❺허리 벨트를 달고, 고무줄을 끼운다

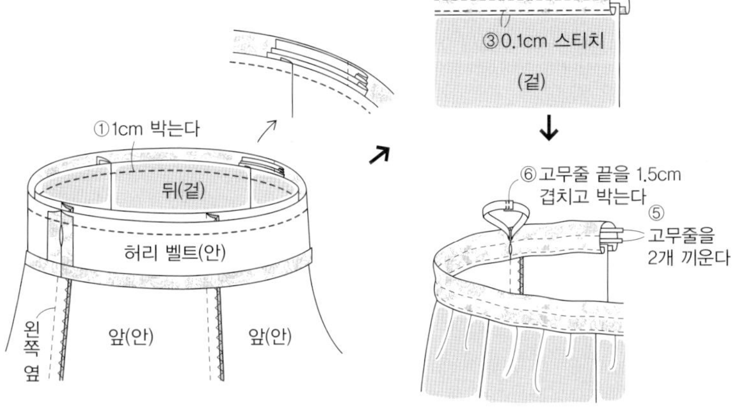
①1cm 박는다
뒤(겉)
허리 벨트(안)
왼쪽 옆
앞(안)
앞(안)
②허리 벨트를 접는다
④1.5cm 스티치
③0.1cm 스티치
(겉)
⑥고무줄 끝을 1.5cm
겹치고 박는다
⑤고무줄을
2개 끼운다

16 no.16 슬리브리스 원피스

p.20／실물 대형 옷본 B면

【재료】(※치수는 왼쪽부터 90／100／110／120／130／140 사이즈)
겉감(크림색 가는 골 코듀로이) 100cm 폭
…100／110／120／130／140／150cm
다른 천(꽃무늬 프린트) 80cm 폭…30／30／40／40／40／40cm
접착심지(앞뒤 요크·앞뒤 안단 분량) 80cm 폭…30／30／40／40／40／40cm

사이즈	90	100	110	120	130	140
가슴둘레	93.1	97.1	101.1	105.1	109.1	113.1
옷 길이	44.2	49.2	54.2	59.2	64.2	69.2

【박는 포인트】
가정용 재봉틀로도 깔끔하게 만들 수 있게 천 끝이 보이지 않는 마무리로 완성한다. 그래야 천 끝이 풀리지 않아 튼튼하고 세탁에도 적합하다. 프릴 끝의 2번 말아박기는 재봉틀용 부속 '말아박기 노루발'을 사용하면 간단히 박을 수 있다.

【박는 순서】
❶앞 몸판에 개더를 잡고, 앞 요크를 박는다. ※개더를 잡은 몸판을 위로 하고, 송곳을 이용해 천을 내보내며 조금씩 박는다.
❷뒤 몸판에 개더를 잡고, 뒤 요크와 박는다.
❸앞 몸판과 뒤 몸판의 어깨를 박는다.
❹프릴 끝을 2번 말아박고 마무리한다.
❺프릴에 개더를 잡고, 앞뒤 진동 둘레 바이어스 천과 함께 몸판에 단다.
❻안단의 어깨를 박고, 겉 몸판과 안단을 박는다.
❼몸판의 옆을 쌈솔(P.85의 ❻을 참조)로 박는다.
❽밑단을 2번 접고 스티치하여 완성.

재단 배치도

※천 겉면에 옷본을 배치하고 자른다
※지정된 시접 이외는 1cm
※치수는 위부터 90／100／110／120／130／140 사이즈
※도트 부분은 접착심지를 붙인다(P.51을 참조)

〈겉감〉

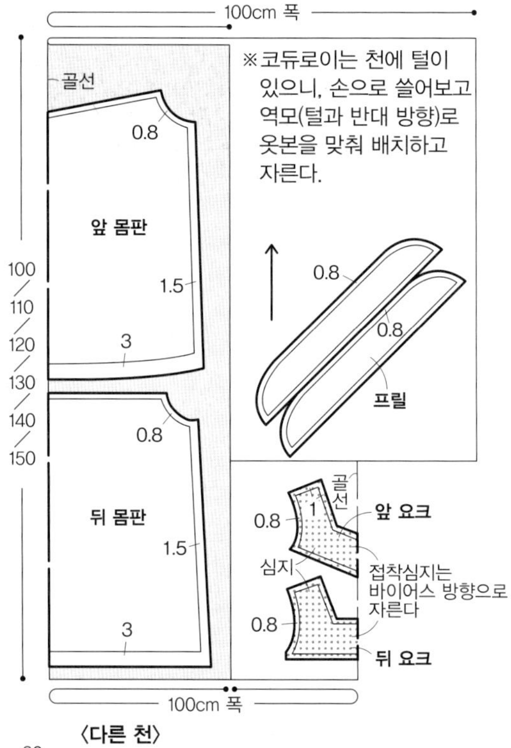
100cm 폭
골선
0.8
앞 몸판
1.5
3
100／110／120／130／140／150
0.8
뒤 몸판
1.5
3
※코듀로이는 천에 털이 있으니, 손으로 쓸어보고 역모(털과 반대 방향)로 옷본을 맞춰 배치하고 자른다.
0.8
0.8
프릴
골선
1
0.8
앞 요크
심지
접착심지는 바이어스 방향으로 자른다
0.8
뒤 요크
100cm 폭

〈다른 천〉

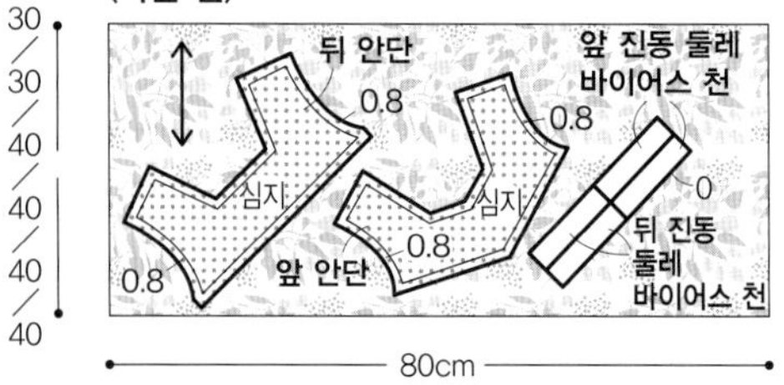
30／30／40／40／40／40
뒤 안단
0.8
심지
0.8
앞 안단
앞 진동 둘레 바이어스 천
0.8
심지
0.8
0
뒤 진동 둘레 바이어스 천
80cm

박는 순서

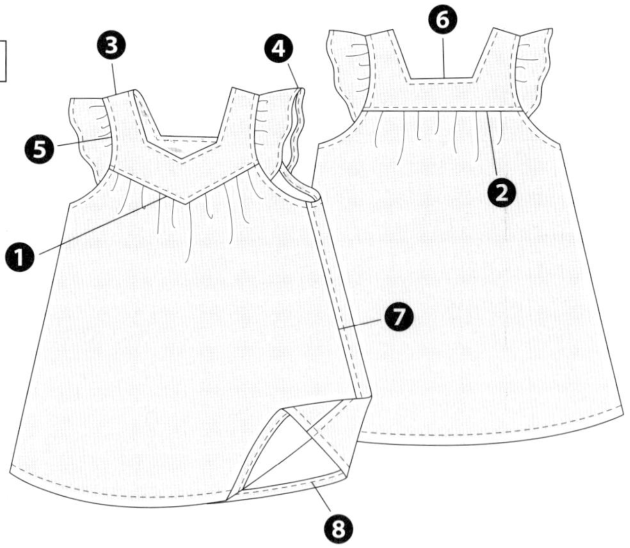
❸
❹
❻
❺
❷
❶
❼
❽

❶앞 몸판과 앞 요크를 박는다

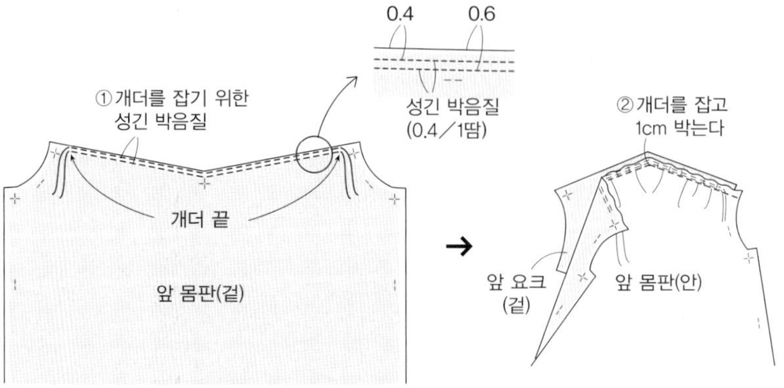
0.4
0.6
성긴 박음질 (0.4／1땀)
①개더를 잡기 위한 성긴 박음질
개더 끝
앞 몸판(겉)
②개더를 잡고 1cm 박는다
앞 요크 (겉)
앞 몸판(안)

❷뒤 몸판과 뒤 요크를 박는다

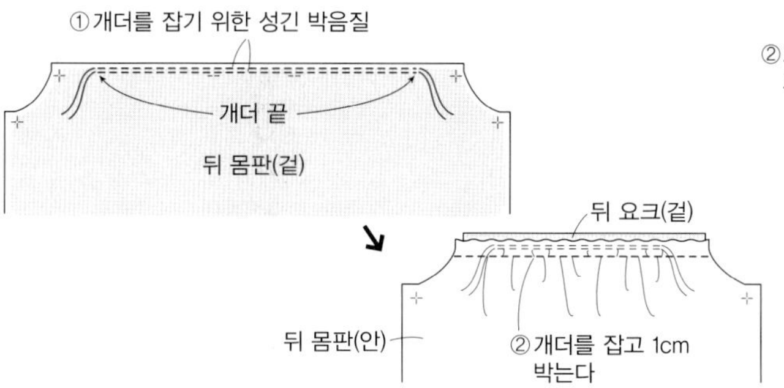
①개더를 잡기 위한 성긴 박음질
개더 끝
뒤 몸판(겉)
뒤 요크(겉)
뒤 몸판(안)
②개더를 잡고 1cm 박는다

❸어깨를 박는다

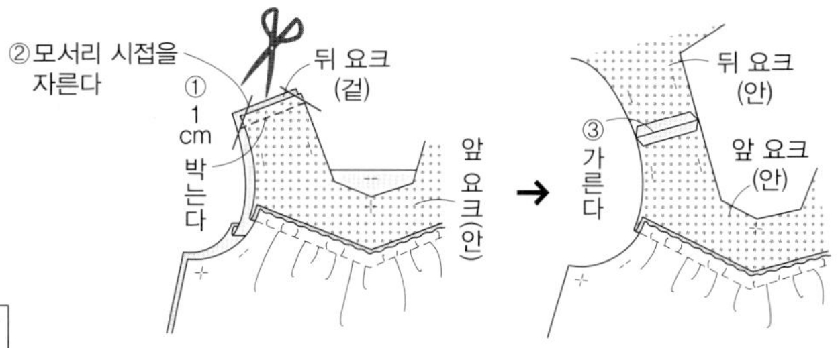
②모서리 시접을 자른다
뒤 요크 (겉)
① 1 cm 박는다
앞 요크(안)
③ 가른다
뒤 요크 (안)
앞 요크 (안)

❹프릴 끝을 박는다

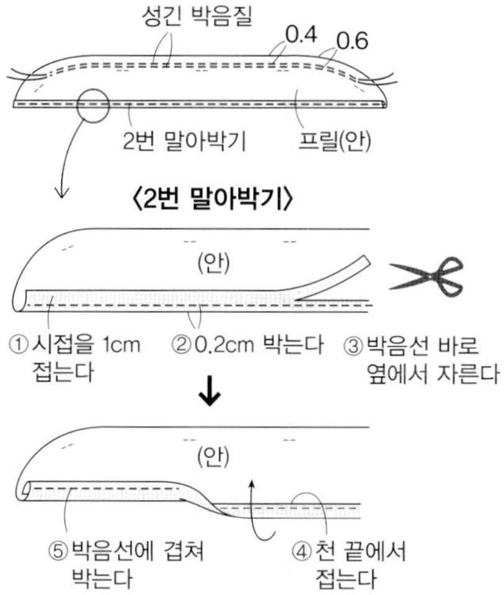
성긴 박음질
0.4
0.6
2번 말아박기
프릴(안)
〈2번 말아박기〉
(안)
①시접을 1cm 접는다
②0.2cm 박는다
③박음선 바로 옆에서 자른다
(안)
⑤박음선에 겹쳐 박는다
④천 끝에서 접는다

❺프릴·앞뒤 진동 둘레 바이어스 천을 몸판에 단다

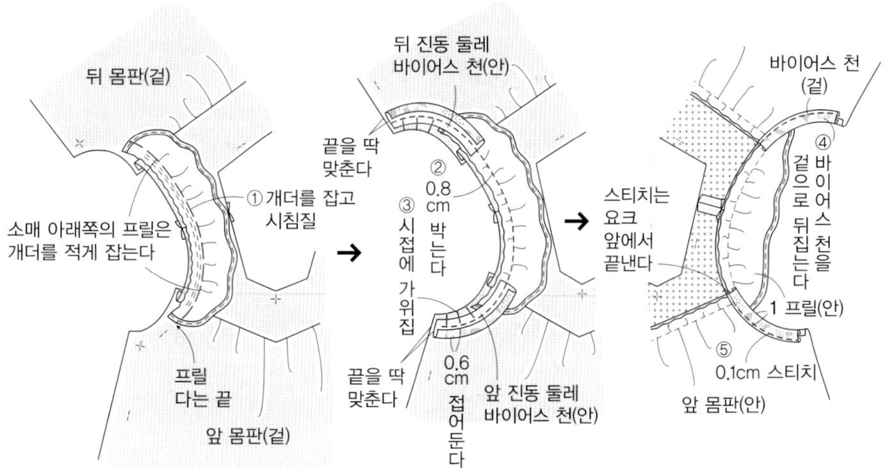
뒤 몸판(겉)
①개더를 잡고 시침질
소매 아래쪽의 프릴은 개더를 적게 잡는다
프릴 다는 끝
앞 몸판(겉)
뒤 진동 둘레 바이어스 천(안)
끝을 딱 맞춘다
② 0.8 cm 박는다
③ 시접에 가위집
끝을 딱 맞춘다
0.6 cm 접어둔다
앞 진동 둘레 바이어스 천(안)
스티치는 요크 앞에서 끝낸다
바이어스 천 (겉)
④ 바이어스 천을 겉으로 뒤집는다
1 프릴(안)
⑤ 0.1cm 스티치
앞 몸판(안)

❻겉 몸판과 안단을 박는다

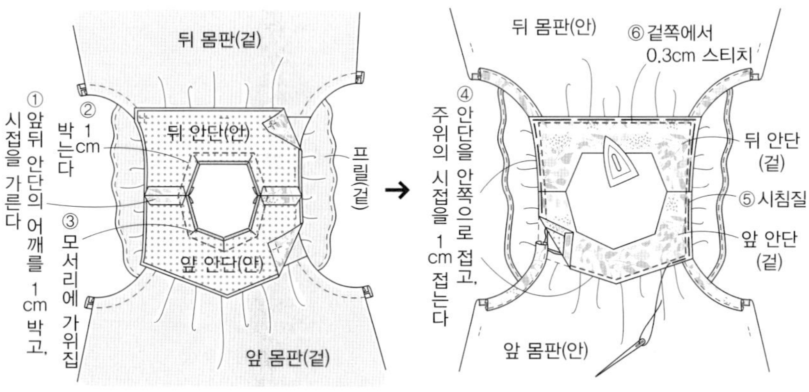
뒤 몸판(겉)
① 앞뒤 안단의 시접을 가른다
② 1cm 박는다
뒤 안단(안)
③ 모서리에 가위집
어깨를 1cm 박고,
앞 안단(안)
프릴(겉)
앞 몸판(겉)
뒤 몸판(안)
⑥겉쪽에서 0.3cm 스티치
④ 안단을 안쪽으로 접고, 주위의 시접을 1cm 접는다
뒤 안단 (겉)
⑤시침질
앞 안단 (겉)
앞 몸판(안)

❽밑단을 박는다

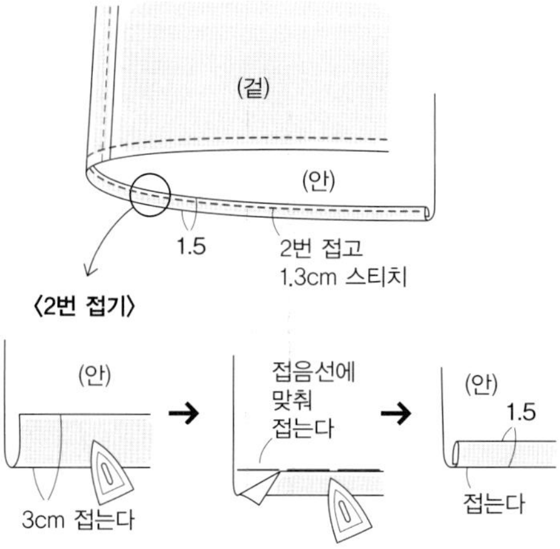
(겉)
(안)
1.5
2번 접고 1.3cm 스티치
〈2번 접기〉
(안)
3cm 접는다
접음선에 맞춰 접는다
(안)
1.5
접는다

no.17 리본 스목

p.22／실물 대형 옷본 C면

【재료】(※치수는 왼쪽부터 90／100／110／120／130／140 사이즈)
겉감(연자주색 리넨) 110cm 폭…90／100／110／120／120／130cm

사이즈	90	100	110	120	130	140
가슴둘레	80.8	84.8	88.8	92.8	96.8	100.8
옷 길이	43.2	46.2	49.2	52.2	55.2	58.2
소매길이	9.2	10.2	11.2	12.2	13.2	14.2

【박는 포인트】
목 부분은 세탁하기도 쉽고, 깔끔하게 마무리되는 바이어스 재봉으로. 몸판의 개더는 끝까지 잡지 않고 진동 둘레 앞(개더 끝)에서 끝내면 박기 쉽고, 깔끔하게 완성된다. 요크와 몸판을 박을 때는 개더를 잡은 몸판을 위로 하고, 송곳을 이용해 천 끝을 내보내며 조금씩 박는다.

【박는 순서】
❶뒤 요크의 끝을 2번 접어 박고, 좌우 몸판의 뒤 중심을 겹치고 고정한다.
❷앞뒤 몸판의 시접에 개더를 잡는다.
❸요크와 몸판을 박고, 겉쪽에서 스티치한다.
❹몸판의 어깨를 박는다.
❺목에 바이어스 천을 단다. ※바이어스 천은 길기 때문에 넣어 박지 않도록 몸판에 시침핀으로 고정해둔다.
❻몸판에 소매를 단다.
❼소매 밑과 옆을 박는다. ※진동 둘레의 시접은 앞뒤로 서로 다르게 눕히고, 천 두께를 균등하게 하여 높이 차이를 없애면 박음선이 어긋나지 않고, 깔끔하게 완성된다.
❽소맷부리와 밑단을 2번 접고 스티치하여 완성.

박는 순서

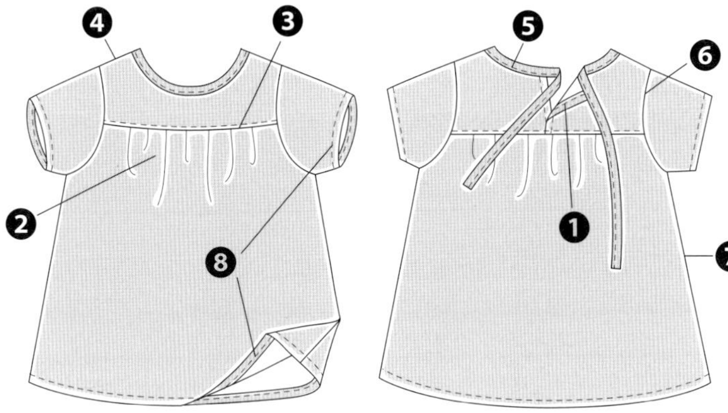
❹
❸
❷
❽
❺
❻
❶
❼

재단 배치도

※천 겉면에 옷본을 배치하고 자른다
※지정된 시접 이외는 1cm
※치수는 왼쪽부터 90／100／110／120／130／140 사이즈

〈겉감〉

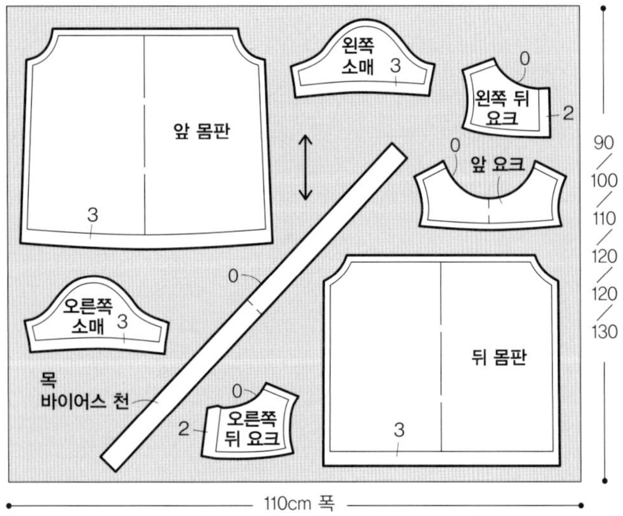
앞 몸판
3
왼쪽
소매 3
0
왼쪽 뒤
요크
2
0
앞 요크
오른쪽
소매 3
0
목
바이어스 천
0
2
오른쪽
뒤 요크
3
뒤 몸판
90／100／110／120／120／130
110cm 폭

❶뒤 요크를 박는다

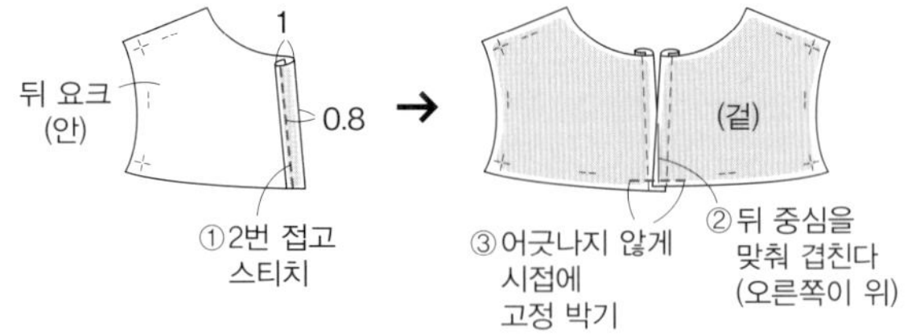
1
뒤 요크
(안)
0.8
①2번 접고
스티치
(겉)
③어긋나지 않게
시접에
고정 박기
②뒤 중심을
맞춰 겹친다
(오른쪽이 위)

❷앞뒤 몸판에 개더를 잡는다

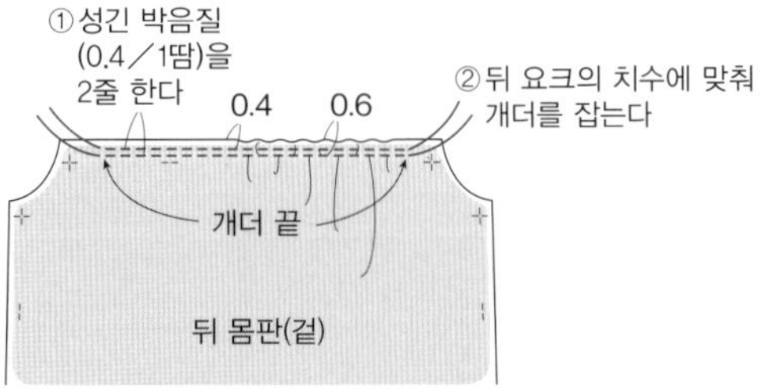
①성긴 박음질
(0.4／1땀)을
2줄 한다
0.4
0.6
②뒤 요크의 치수에 맞춰
개더를 잡는다
개더 끝
뒤 몸판(겉)

❸요크와 몸판을 박는다

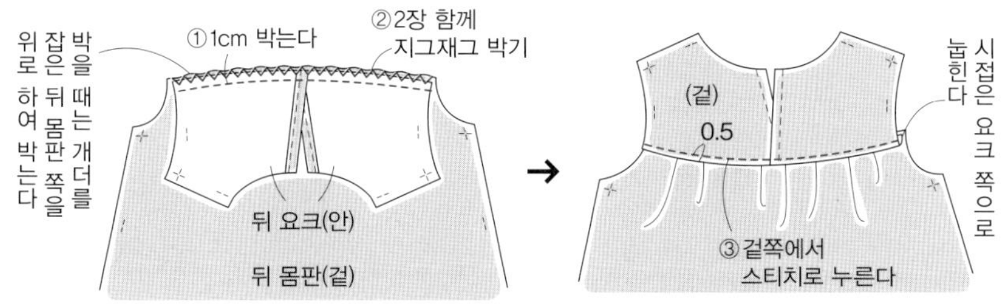
박을 때는 개더를 잡은 뒤 몸판 쪽을 위로 하여 박는다
①1cm 박는다
②2장 함께 지그재그 박기
뒤 요크(안)
뒤 몸판(겉)
(겉)
0.5
③겉쪽에서 스티치로 누른다
시접은 요크 쪽으로 눕힌다

※앞 요크와 앞 몸판도 같은 방법으로 박는다

❹몸판의 어깨를 박는다

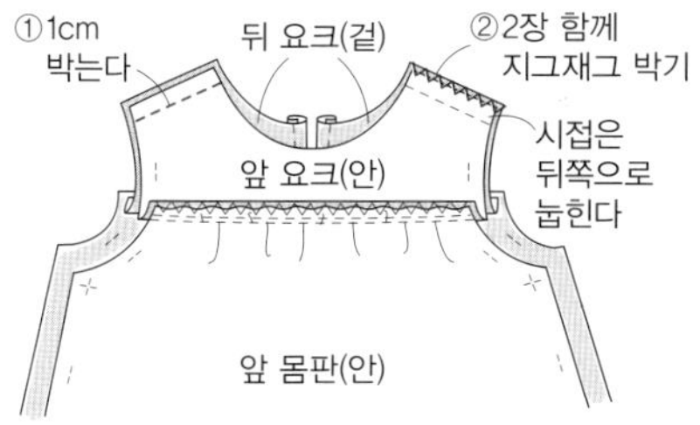
①1cm 박는다
뒤 요크(겉)
②2장 함께 지그재그 박기
시접은 뒤쪽으로 눕힌다
앞 요크(안)
앞 몸판(안)

❺목에 바이어스 천을 단다

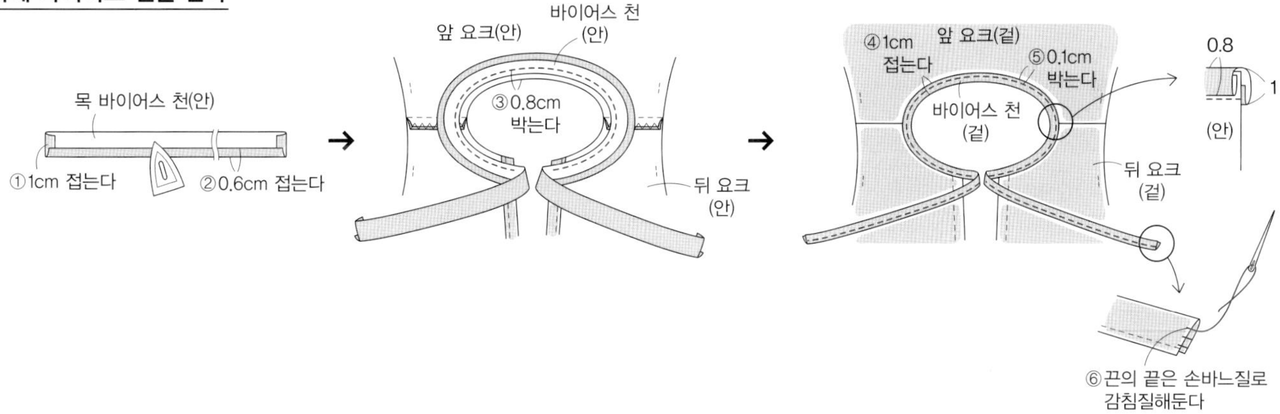
목 바이어스 천(안)
①1cm 접는다
②0.6cm 접는다
앞 요크(안)
바이어스 천 (안)
③0.8cm 박는다
뒤 요크 (안)
④1cm 접는다
앞 요크(겉)
⑤0.1cm 박는다
바이어스 천 (겉)
뒤 요크 (겉)
0.8
1
(안)
⑥끈의 끝은 손바느질로 감침질해둔다

❻몸판에 소매를 단다

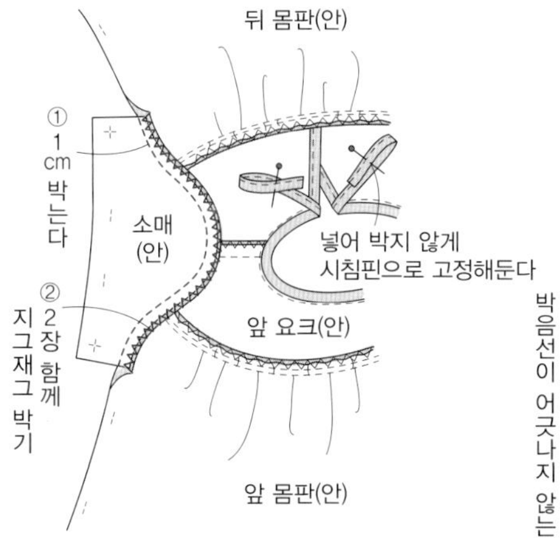
뒤 몸판(안)
① 1cm 박는다
소매 (안)
넣어 박지 않게 시침핀으로 고정해둔다
② 2장 함께 지그재그 박기
앞 요크(안)
앞 몸판(안)

❼소매 밑과 옆을 박는다

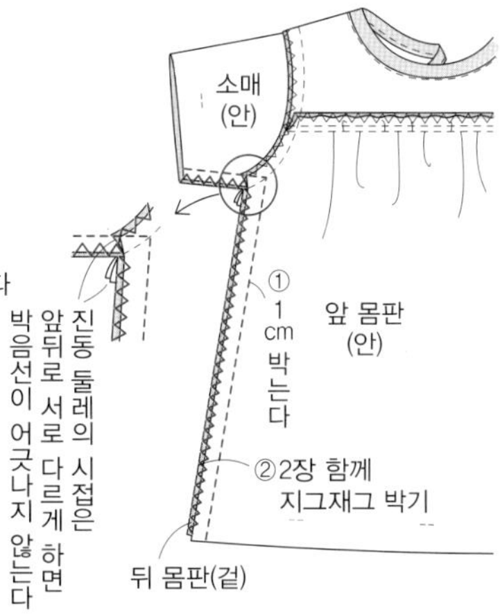
소매 (안)
진동 둘레의 시접은 앞뒤로 서로 다르게 하면 박음선이 어긋나지 않는다
① 1cm 박는다
앞 몸판 (안)
②2장 함께 지그재그 박기
뒤 몸판(겉)

❽소맷부리와 밑단을 박는다

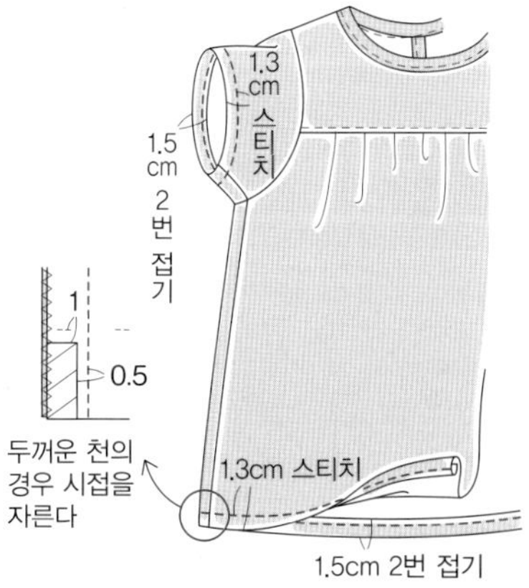
1.3cm 스티치
1.5cm 2번 접기
1
0.5
두꺼운 천의 경우 시접을 자른다
1.3cm 스티치
1.5cm 2번 접기

18 no.18 턱 캐미솔

p.24／실물 대형 옷본 C면

【재료】(※치수는 왼쪽부터 90／100／110／120／130／140 사이즈)
겉감(꽃무늬 프린트) 110cm 폭…60／70／70／80／90／90cm
다른 천(퍼플 리넨) 80cm 폭…30cm
※다른 천을 사용하지 않고 같은 천으로도 가능(이 경우는 겉감 치수에 10cm 더한다).
접착심지(어깨끈 · 앞 안단 · 어깨끈 안단 분량) 110cm 폭…30cm

사이즈	90	100	110	120	130	140
가슴둘레	72.6	76.6	80.6	84.6	88.6	92.6
옷 길이(CB)	30.1	33.1	36.1	39.1	42.1	45.1

【박는 포인트】
가정용 재봉틀로도 깔끔하게 만들 수 있게 천 끝이 보이지 않는 마무리로 완성한다. 그래야 천 끝이 풀리지 않아 튼튼하고 세탁에도 적합하다. 몸판에 무지를 사용하면 턱의 표정이 깔끔해진다. 어깨끈이나 안단에는 심지를 붙여서 단단하게 완성하자.

【박는 순서】
❶어깨끈과 어깨끈 안단을 박는다.
❷뒤 몸판의 진동 둘레를 바이어스 천으로 마무리하고(안 바이어스 마무리), 턱을 접는다.
❸뒤 몸판에 어깨끈 · 안단을 박는다.
❹앞 몸판의 턱을 접고, 임시 고정 박기를 한다.
※바늘구멍이 남을 것 같은 얇은 천의 경우는 가는 실로 시침질하자.
❺앞 몸판에 어깨끈 · 앞 안단을 박고, 진동 둘레를 바이어스 천으로 마무리한다(안 바이어스 마무리).
❻옆을 쌈솔로 박는다.
❼밑단을 2번 접고 스티치하여 완성(P.81의 ❽을 참조).

재단 배치도

※천 겉면에 옷본을 배치하고 자른다
※지정된 시접 이외는 1cm
※치수는 위부터 90／100／110／120／130／140 사이즈
※도트 부분은 접착심지를 붙인다(P.51을 참조)

〈다른 천〉

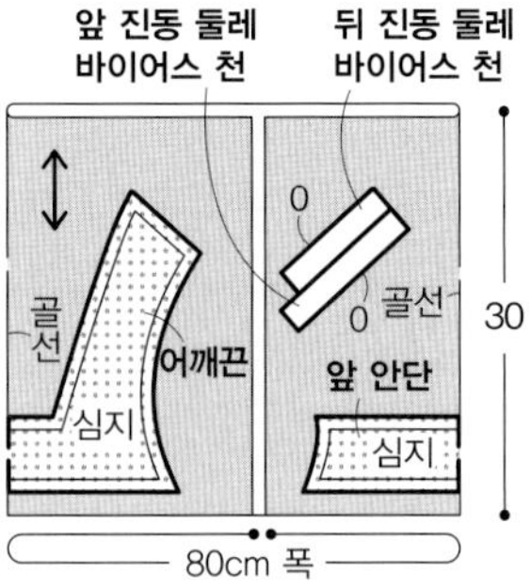
앞 진동 둘레
바이어스 천
뒤 진동 둘레
바이어스 천
골선
어깨끈
심지
0
0
골선
앞 안단
심지
30
80cm 폭

〈겉감〉

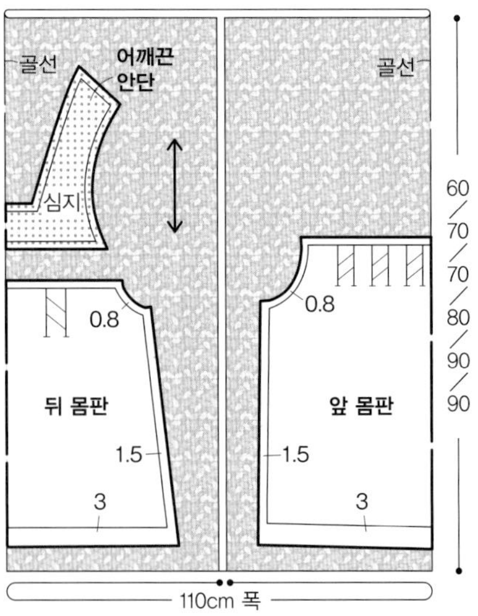
골선
어깨끈
안단
심지
골선
60／70／70／80／90／90
0.8
0.8
뒤 몸판
앞 몸판
1.5
1.5
3
3
110cm 폭

박는 순서

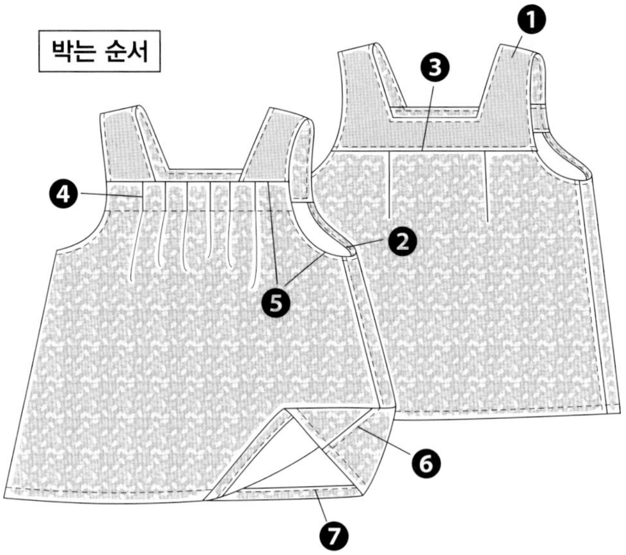
❶
❸
❹
❷
❺
❻
❼

❶어깨끈과 어깨끈 안단을 박는다

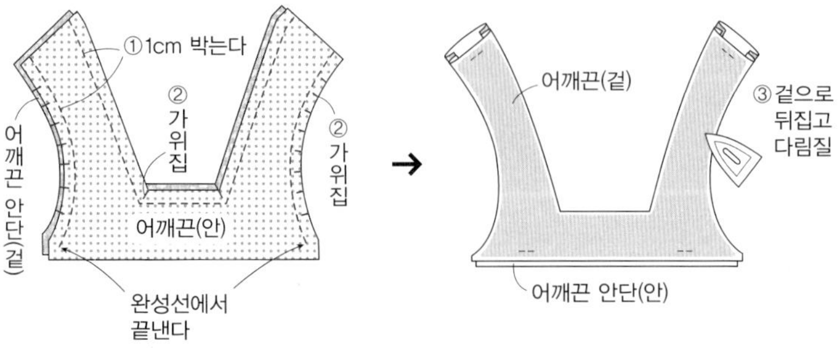
①1cm 박는다
②가위집
②가위집
어깨끈 안단(겉)
어깨끈(안)
완성선에서
끝낸다
어깨끈(겉)
③겉으로
뒤집고
다림질
어깨끈 안단(안)

❷ 뒤 몸판의 진동 둘레를 마무리하고, 턱을 접는다

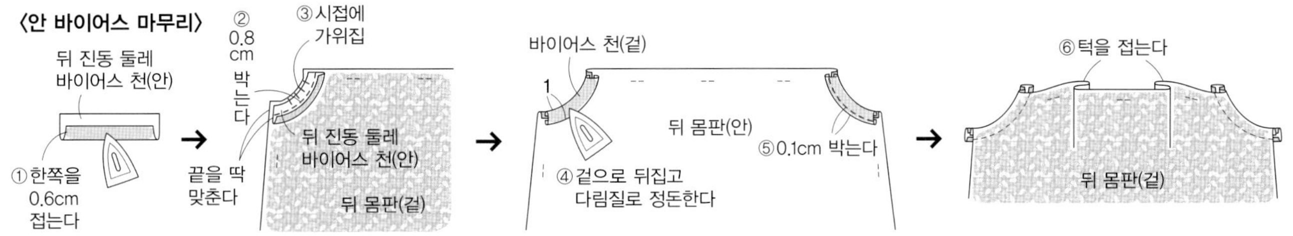
〈안 바이어스 마무리〉
뒤 진동 둘레 바이어스 천(안)
①한쪽을 0.6cm 접는다
②0.8cm 박는다
③시접에 가위집
끝을 딱 맞춘다
뒤 진동 둘레 바이어스 천(안)
뒤 몸판(겉)
바이어스 천(겉)
1
④겉으로 뒤집고 다림질로 정돈한다
뒤 몸판(안)
⑤0.1cm 박는다
⑥턱을 접는다
뒤 몸판(겉)

❸ 뒤 몸판에 어깨끈 · 안단을 박는다

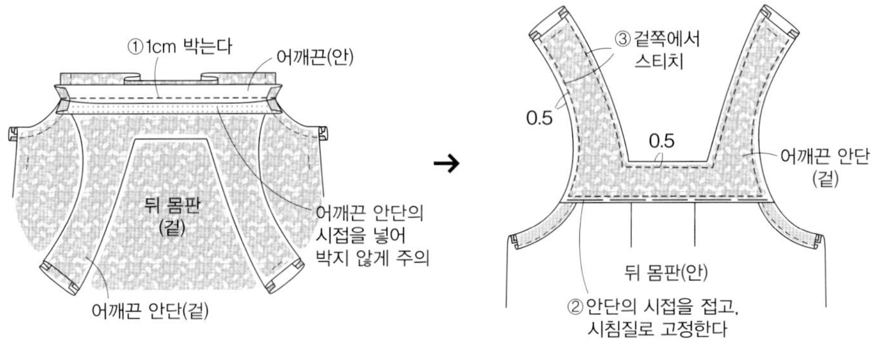
①1cm 박는다
어깨끈(안)
뒤 몸판 (겉)
어깨끈 안단의 시접을 넣어 박지 않게 주의
어깨끈 안단(겉)
③겉쪽에서 스티치
0.5
0.5
어깨끈 안단 (겉)
뒤 몸판(안)
②안단의 시접을 접고, 시침질로 고정한다

❹ 앞 몸판의 턱을 접는다

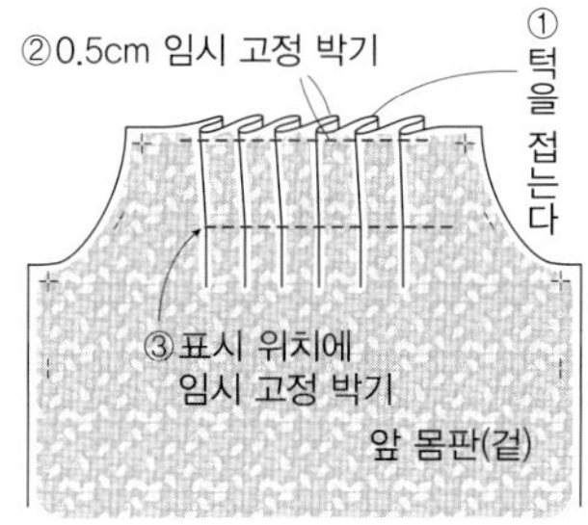
②0.5cm 임시 고정 박기
①턱을 접는다
③표시 위치에 임시 고정 박기
앞 몸판(겉)

❺ 앞 몸판에 어깨끈 · 앞 안단을 박고, 진동 둘레를 마무리한다

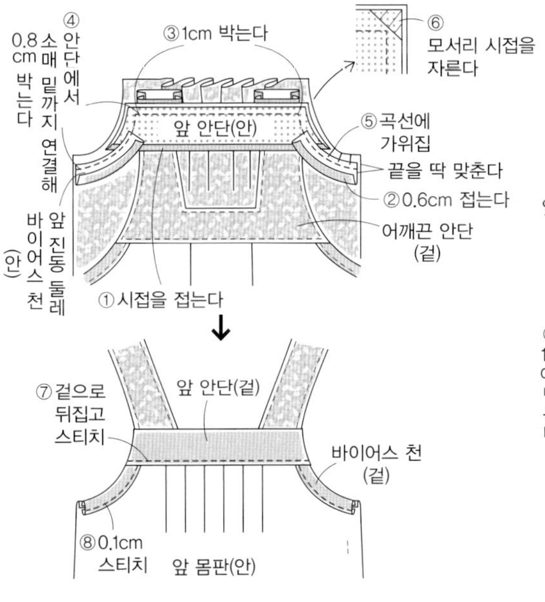
④안단에서 소매 밑까지 연결해 0.8cm 박는다
③1cm 박는다
⑥모서리 시접을 자른다
앞 안단(안)
⑤곡선에 가위집
끝을 딱 맞춘다
②0.6cm 접는다
어깨끈 안단 (겉)
앞 진동 둘레 바이어스 천(안)
①시접을 접는다
⑦겉으로 뒤집고 스티치
앞 안단(겉)
바이어스 천 (겉)
⑧0.1cm 스티치
앞 몸판(안)

❻ 옆을 쌈솔로 박는다

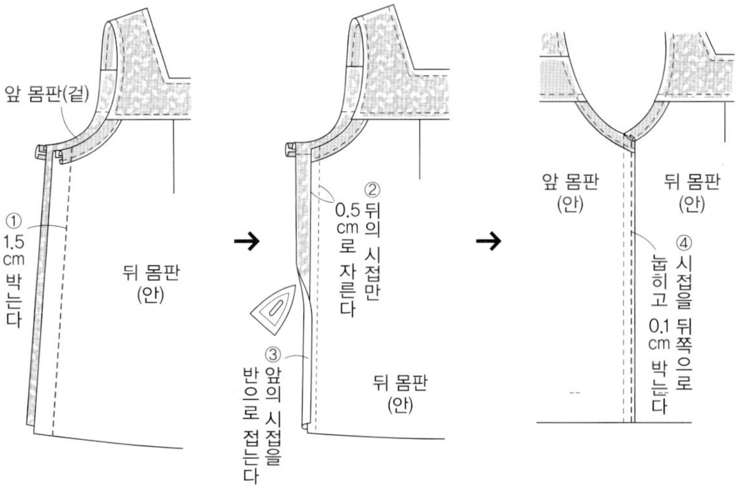
앞 몸판(겉)
①1.5cm 박는다
뒤 몸판 (안)
②뒤의 시접만 0.5cm로 자른다
③앞의 시접을 반으로 접는다
뒤 몸판 (안)
앞 몸판 (안)
뒤 몸판 (안)
④시접을 뒤쪽으로 눕히고 0.1cm 박는다

19 no.19 개더 퀼로트

p.24／실물 대형 옷본 D면

【재료】(※치수는 왼쪽부터 90／100／110／120／130／140 사이즈)
겉감(베이지 리넨) 110cm 폭…90／100／110／120／120／120cm
다른 천(꽃무늬 프린트) 20cm 폭…30cm
폭 15mm 늘어짐 방지 테이프(하프 바이어스 타입·밑위 분량)…90／90／100／100／110／110cm, 폭 20mm 늘어짐 방지 테이프(하프 바이어스 타입·포켓 입구 분량)…15cm
폭 5mm 고무줄…42.5／44／46／48／50／52cm 2개
폭 5mm 새틴 리본(앞 중심의 표시)…15cm

사이즈	90	100	110	120	130	140
허리둘레	109.9	113.9	117.9	122.9	127.9	132.9
총길이(CF)	28.2	29.2	30.2	31.2	32.2	33.2

【박는 포인트】
허리 부분은 본체와 연결되어 단시간에 완성할 수 있다. 밑위가 늘어나 밑아래가 감기지 않게 밑위의 시접에 늘어짐 방지 테이프를 붙여 완성하자. 밑아래의 경사가 적어 밑아래를 먼저 박아야 가랑이 부분이 안정감 있게 완성된다.

【박는 순서】
❶오른쪽 옆을 박고, 포켓을 만든다(P.78의 ❶을 참조).
❷왼쪽 옆을 고무줄 끼우는 입구를 남기고 박는다.
❸밑아래를 박는다.
❹밑위를 박는다. ※밑아래의 시접은 좌우 팬츠를 서로 다르게 눕히고, 천 두께를 균등하게 하여 높이 차이를 없애면 밑아래의 박음선이 어긋나지 않고 깔끔하게 완성된다.
❺밑단을 2번 접어 스티치한다(P.81의 ❽을 참조).
❻허리를 2번 접어 스티치하고, 고무줄을 2개 끼운다.
❼리본을 만들고, 고무줄에 걸리지 않게 앞 중심에 달아 완성.

박는 순서

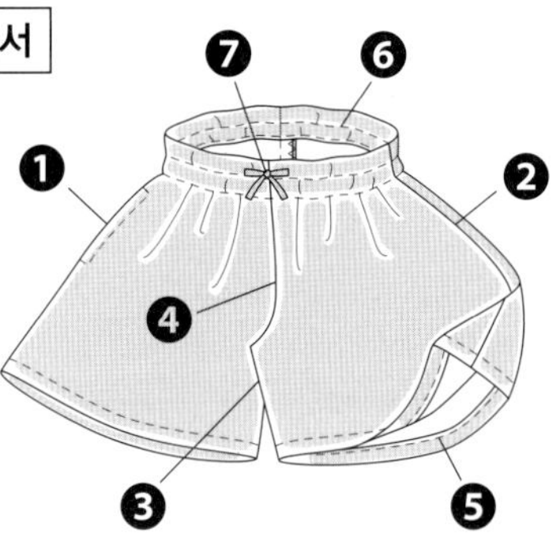
❼
❻
❶
❷
❹
❸
❺

❷❸왼쪽 옆과 밑아래를 박는다

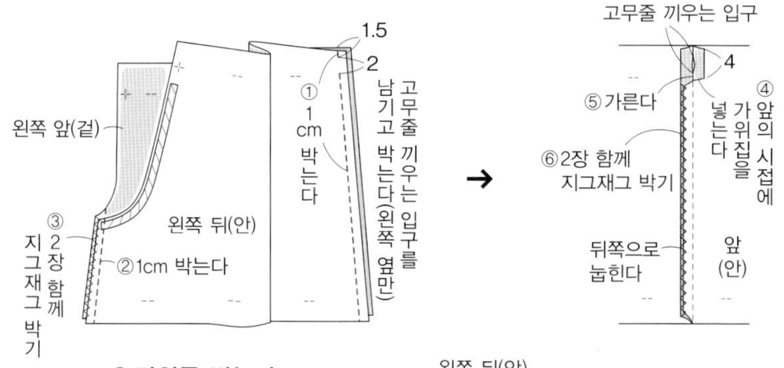
왼쪽 앞(겉)
1.5
2
① 1cm 박는다
고무줄 끼우는 입구를 남기고 박는다(왼쪽 옆만)
③ 2장 함께 지그재그 박기
②1cm 박는다
왼쪽 뒤(안)
고무줄 끼우는 입구
4
⑤가른다
④앞의 시접에 가위집을 넣는다
⑥2장 함께 지그재그 박기
뒤쪽으로 눕힌다
앞(안)

❹밑위를 박는다

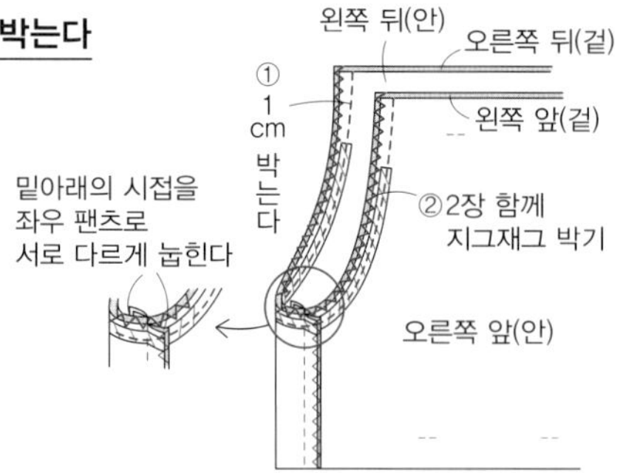
왼쪽 뒤(안)
오른쪽 뒤(겉)
① 1cm 박는다
왼쪽 앞(겉)
밑아래의 시접을 좌우 팬츠로 서로 다르게 눕힌다
②2장 함께 지그재그 박기
오른쪽 앞(안)

〈다른 천〉

주머니천 (1장)
30
20

재단 배치도

※천 겉면에 옷본을 배치하고 자른다
※지정된 시접 이외는 1cm
※치수는 위부터 90／100／110／120／130／140 사이즈
※사선 부분은 늘어짐 방지 테이프를 붙인다(P.51을 참조)

〈겉감〉

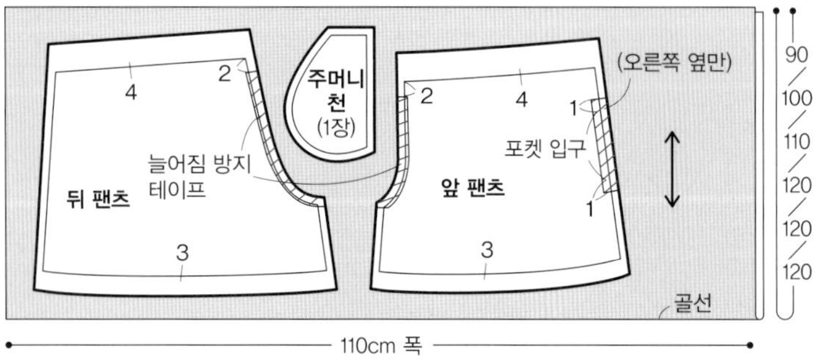
4
2
늘어짐 방지 테이프
뒤 팬츠
3
주머니천 (1장)
2
4
(오른쪽 옆만)
1
포켓 입구
앞 팬츠
1
3
골선
90／100／110／120／120／120
110cm 폭

❼리본을 만든다

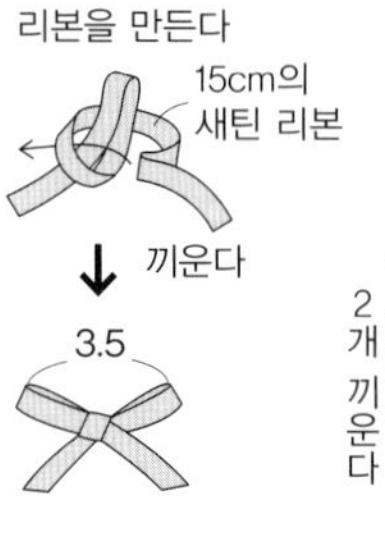
리본을 만든다
15cm의 새틴 리본
끼운다
3.5

❻허리를 마무리한다

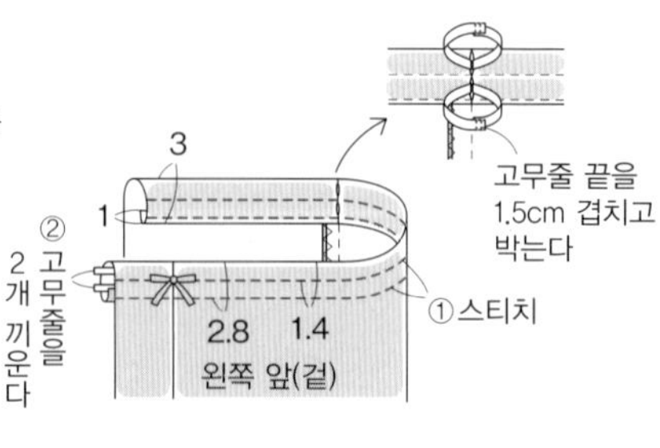
3
1
② 고무줄을 2개 끼운다
고무줄 끝을 1.5cm 겹치고 박는다
①스티치
2.8
1.4
왼쪽 앞(겉)

20 no.20 라운드 칼라 원피스

p.26／실물 대형 옷본 F면

【재료】(※치수는 왼쪽부터 90／100／110／120／130／140 사이즈)
겉감(리넨 혼방 덩거리 소프트) 110cm 폭…130／140／150／160／170／180cm
접착심지(안 칼라·커프스 분량) 70cm 폭…40／40／40／40／50／50cm
13mm 단추…6개

사이즈	90	100	110	120	130	140
가슴둘레	80.9	84.9	88.9	92.9	96.9	100.9
옷 길이	47	52	57	62	67	72

【박는 포인트】
포켓의 곡선은 포켓 모양으로 자른 두꺼운 종이를 이용하면 깔끔하게 다림질할 수 있다. 앞 끝 밑단은 시접 두께를 줄이기 위해 여분을 자른 뒤 밑단을 올린다. 소맷부리의 커프스는 박음질이 어긋나기 쉬우므로 시침질한 뒤 스티치한다.

【박는 순서】
❶포켓을 만들고, 앞 몸판에 단다.
❷칼라를 만든다.
❸뒤 중심을 박고, 외형상의 이음선을 만든다.
❹어깨를 쌈솔로 박는다(P.68의 ❷를 참조).
❺칼라를 달고, 앞 끝을 박는다.
❻옆을 쌈솔로 박는다(P.85의 ❻을 참조).
❼커프스를 만들고, 소맷부리에 단다.
❽밑단을 2번 접어 스티치한다.
❾단춧구멍을 만들고, 단추를 달아 완성(P.65의 ❽을 참조, 첫 단추는 가로 구멍, 나머지는 모두 세로 구멍).

박는 순서
❶
❷
❸
❹
❺
❻
❼
❽
❾

재단 배치도

※천 겉면에 옷본을 배치하고 자른다
※지정된 시접 이외는 1cm
※치수는 위부터 90／100／110／120／130／140 사이즈
※도트 부분은 접착심지를 붙인다(P.51을 참조)
〈겉감〉

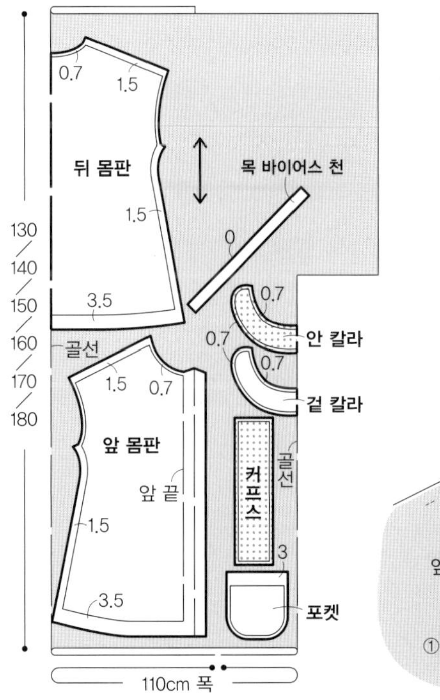
0.7
1.5
뒤 몸판
목 바이어스 천
1.5
0
130／140／150／160／170／180
3.5
0.7
0.7
안 칼라
골선
0.7
겉 칼라
1.5
0.7
앞 몸판
앞 끝
1.5
커프스
골선
3
3.5
포켓
110cm 폭

❶포켓을 만들고, 앞 몸판에 단다

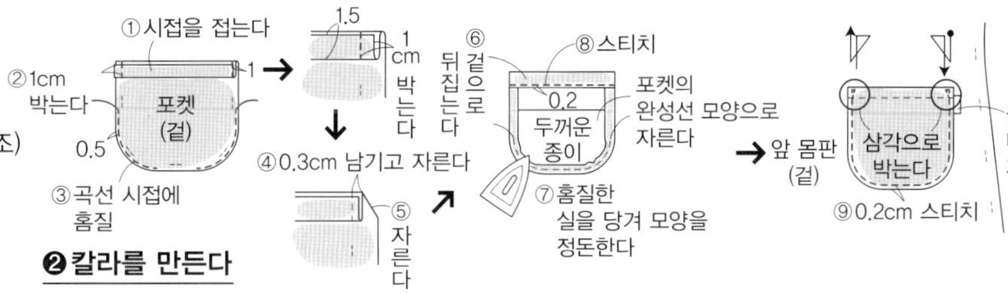
①시접을 접는다
1.5
1 cm 박는다
②1cm 박는다
1
포켓 (겉)
0.5
③곡선 시접에 홈질
④0.3cm 남기고 자른다
⑤자른다
⑥겉으로 뒤집는다
⑧스티치
0.2
두꺼운 종이
포켓의 완성선 모양으로 자른다
⑦홈질한 실을 당겨 모양을 정돈한다
앞 몸판 (겉)
삼각으로 박는다
⑨0.2cm 스티치
원하는 네임 태그를 끼워 단다

❷칼라를 만든다

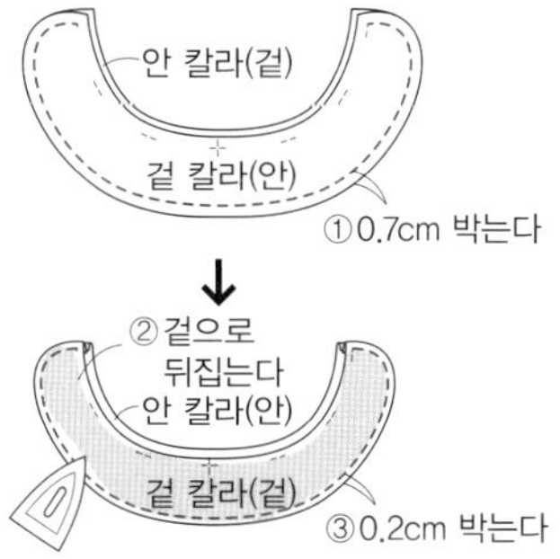
안 칼라(겉)
겉 칼라(안)
①0.7cm 박는다
②겉으로 뒤집는다
안 칼라(안)
겉 칼라(겉)
③0.2cm 박는다

❸뒤 중심을 박고, 외형상의 이음선을 만든다

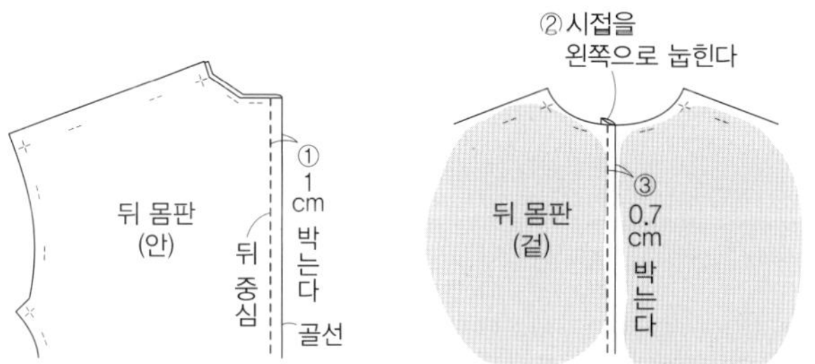
뒤 몸판 (안)
①1cm 박는다
뒤 중심
골선
②시접을 왼쪽으로 눕힌다
뒤 몸판 (겉)
③0.7cm 박는다

❺칼라를 달고, 앞 끝을 박는다

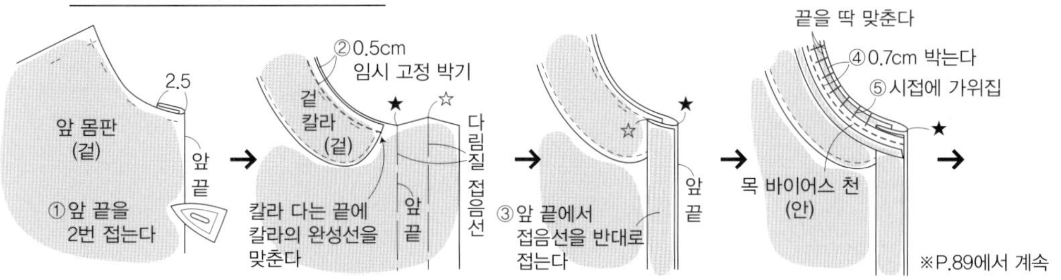
2.5
앞 몸판 (겉)
앞 끝
①앞 끝을 2번 접는다
②0.5cm 임시 고정 박기
겉 칼라 (겉)
다림질 접음선
앞 끝
칼라 다는 끝에 칼라의 완성선을 맞춘다
③앞 끝에서 접음선을 반대로 접는다
앞 끝
끝을 딱 맞춘다
④0.7cm 박는다
⑤시접에 가위집
목 바이어스 천 (안)

※P.89에서 계속

32 no.32 풀오버 원피스

p.38／실물 대형 옷본 F면

【재료】(※치수는 왼쪽부터 90／100／110／120／130／140 사이즈)
겉감(수놓은 가는 골 코듀로이) 98cm 폭…140／150／190／200／210／230cm
접착심지(안 칼라 분량)…40×40cm
폭 20mm 늘어짐 방지 테이프(하프 바이어스 타입 · 포켓 입구 분량)…30cm
13mm 단추…2개
폭 6mm 고무줄…14／14／15／15／16／16cm 2개

사이즈	90	100	110	120	130	140
가슴둘레	89.6	93.6	97.6	101.6	105.6	109.6
옷 길이	47	52	57	62	67	72
소매길이	23	27	31	35	39	43

【박는 포인트】
겉섶과 안섶을 틀리지 않게 재봉한다. 칼라의 모양을 유지할 수 있게 안 칼라만 접착심지를 사용한다. 칼라를 달 때는 몸판의 개더가 균등하게 잡히게 몸판 쪽을 위로 하여 송곳을 이용해 조금씩 박는다. 소맷부리에 고무줄을 넣는다.

【박는 순서】
❶가슴 포켓을 만들고, 앞 몸판에 단다(P.63의 ❸을 참조).
❷심 포켓을 만든다(P.66의 ❶을 참조).
❸칼라를 만든다.
❹뒤 몸판에 개더를 잡는다.
❺앞 몸판에 가위집을 넣고, 앞단 안단을 단다.
❻어깨를 박는다(P.76의 ❷를 참조).
❼칼라를 달고, 앞단 트임을 완성한다.
❽소매를 단다(P.83의 ❻을 참조).
❾소매 밑과 옆을 연결해 박는다(P.83의 ❼을 참조). ※진동 둘레의 시접은 앞뒤 서로 다르게 눕히고, 천 두께를 균등하게 하여 높이 차이를 없애면 박음선이 어긋나지 않고, 깔끔하게 완성된다.
❿소맷부리와 밑단을 2번 접어 스티치한다(소맷부리 P.97의 ❾, 밑단 P.89의 no.20 ❺를 참조).
⓫소맷부리에 고무줄을 끼운다.
⓬단춧구멍을 만들고, 단추를 달아 완성(P.65의 ❽을 참조).

재단 배치도

※천 겉면에 옷본을 배치하고 자른다
※지정된 시접 이외는 1cm
※치수는 위부터 90／100／110／120／130／140 사이즈
※도트 부분은 접착심지를 붙인다(P.51을 참조)

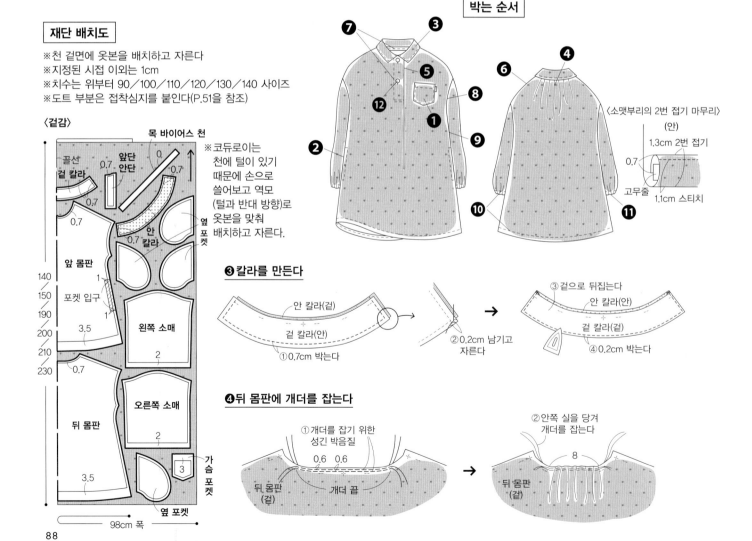

〈겉감〉

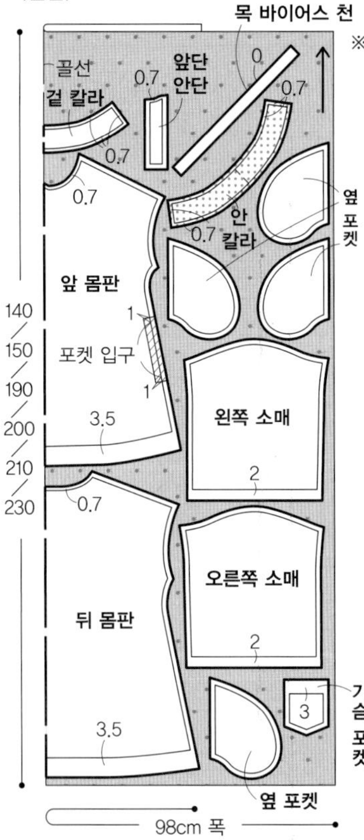
목 바이어스 천
골선
겉 칼라
0.7
앞단 안단
0.7
0
0.7
0.7
안 칼라
0.7
옆 포켓
앞 몸판
1
포켓 입구
1
3.5
왼쪽 소매
2
0.7
오른쪽 소매
뒤 몸판
2
3
3.5
가슴 포켓
옆 포켓
140
150
190
200
210
230
98cm 폭

※코듀로이는 천에 털이 있기 때문에 손으로 쓸어보고 역모(털과 반대 방향)로 옷본을 맞춰 배치하고 자른다.

박는 순서

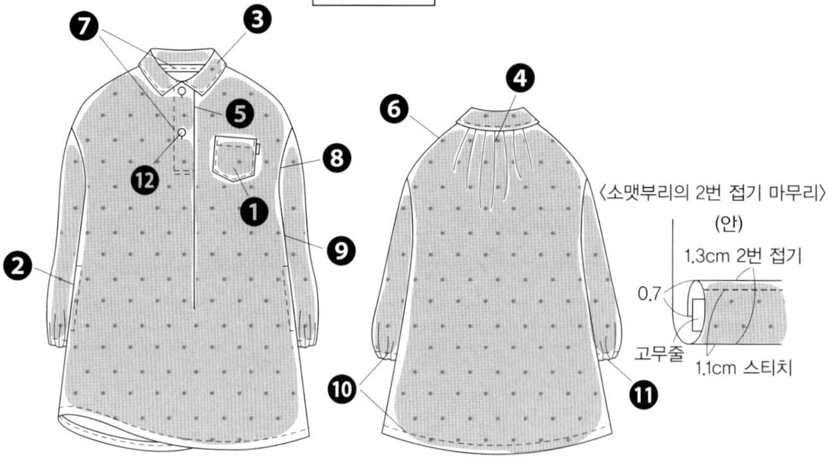
❼
❸
❹
❻
❺
❽
⓬
❶
❷
❾
❿
⓫
〈소맷부리의 2번 접기 마무리〉
(안)
1.3cm 2번 접기
0.7
고무줄
1.1cm 스티치

❸칼라를 만든다

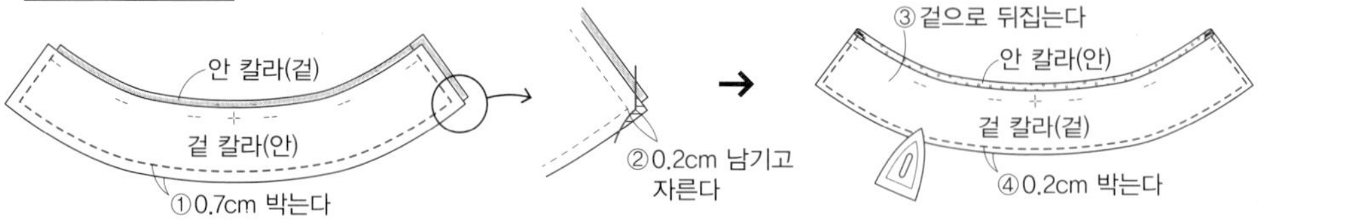
안 칼라(겉)
겉 칼라(안)
①0.7cm 박는다
②0.2cm 남기고 자른다
③겉으로 뒤집는다
안 칼라(안)
겉 칼라(겉)
④0.2cm 박는다

❹뒤 몸판에 개더를 잡는다

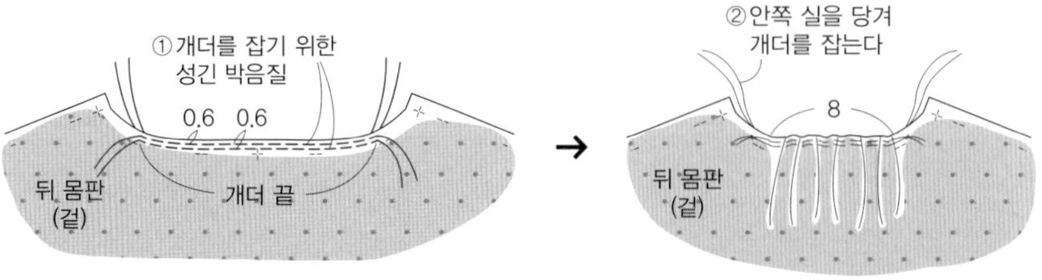
①개더를 잡기 위한 성긴 박음질
0.6
0.6
뒤 몸판 (겉)
개더 끝
②안쪽 실을 당겨 개더를 잡는다
8
뒤 몸판 (겉)

no.20 ❺의 계속

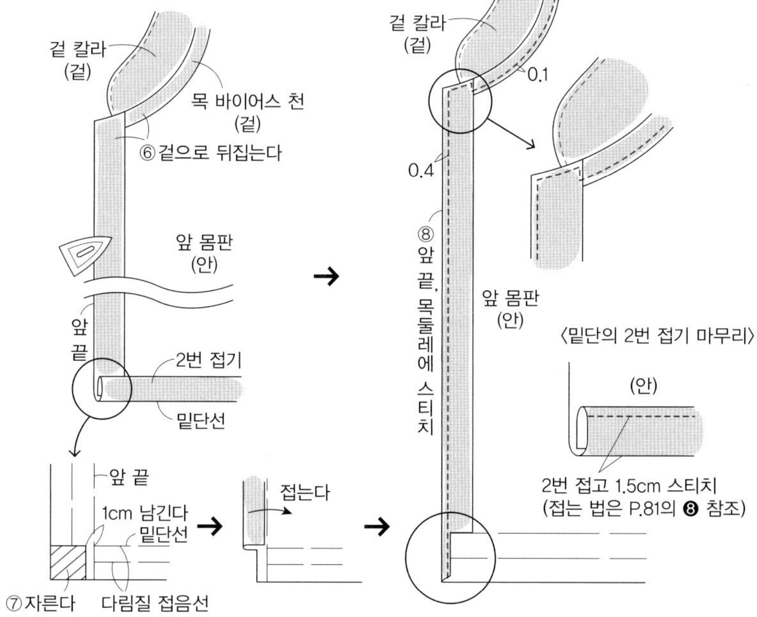

겉 칼라
(겉)
목 바이어스 천
(겉)
⑥겉으로 뒤집는다
앞 몸판
(안)
앞 끝
2번 접기
밑단선
앞 끝
1cm 남긴다
밑단선
⑦자른다
다림질 접음선
접는다
겉 칼라
(겉)
0.1
0.4
⑧앞 끝, 목둘레에 스티치
앞 몸판
(안)
〈밑단의 2번 접기 마무리〉
(안)
2번 접고 1.5cm 스티치
(접는 법은 P.81의 ❽ 참조)

❼커프스를 만들고, 소맷부리에 단다

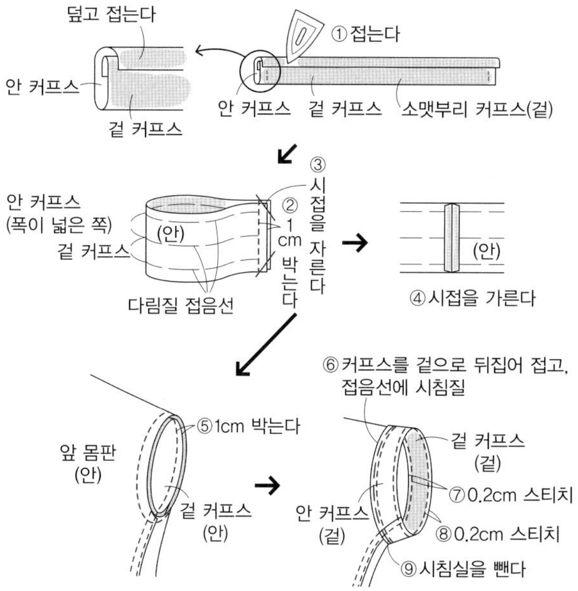

덮고 접는다
①접는다
안 커프스
겉 커프스
안 커프스
겉 커프스
소맷부리 커프스(겉)
안 커프스
(폭이 넓은 쪽)
겉 커프스
(안)
다림질 접음선
②1cm 박는다
③시접을 자른다
(안)
④시접을 가른다
앞 몸판
(안)
⑤1cm 박는다
겉 커프스
(안)
⑥커프스를 겉으로 뒤집어 접고,
접음선에 시침질
겉 커프스
(겉)
⑦0.2cm 스티치
안 커프스
(겉)
⑧0.2cm 스티치
⑨시침실을 뺀다

no.32 ❺앞 몸판에 가위집을 넣고, 앞단 안단을 단다

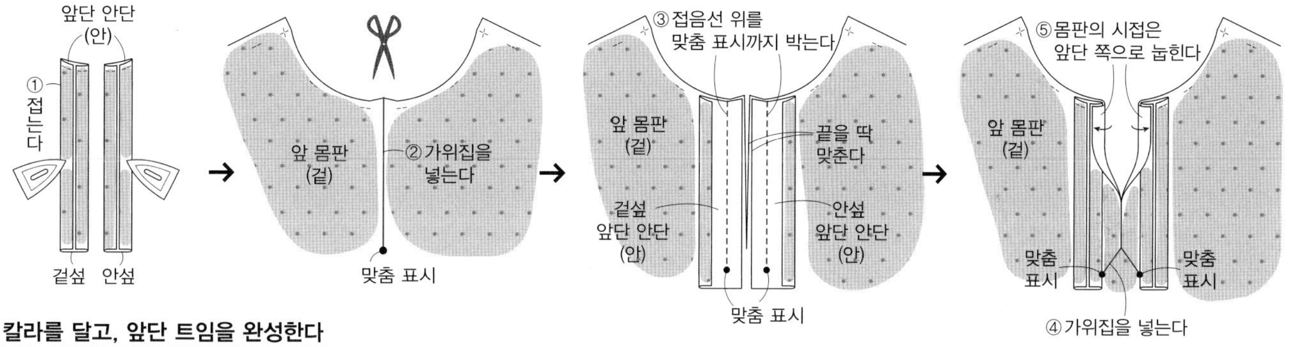

앞단 안단
(안)
①접는다
겉섶
안섶
앞 몸판
(겉)
②가위집을
넣는다
맞춤 표시
③접음선 위를
맞춤 표시까지 박는다
앞 몸판
(겉)
끝을 딱
맞춘다
겉섶
앞단 안단
(안)
안섶
앞단 안단
(안)
맞춤 표시
⑤몸판의 시접은
앞단 쪽으로 눕힌다
앞 몸판
(겉)
맞춤
표시
맞춤
표시
④가위집을 넣는다

❼칼라를 달고, 앞단 트임을 완성한다

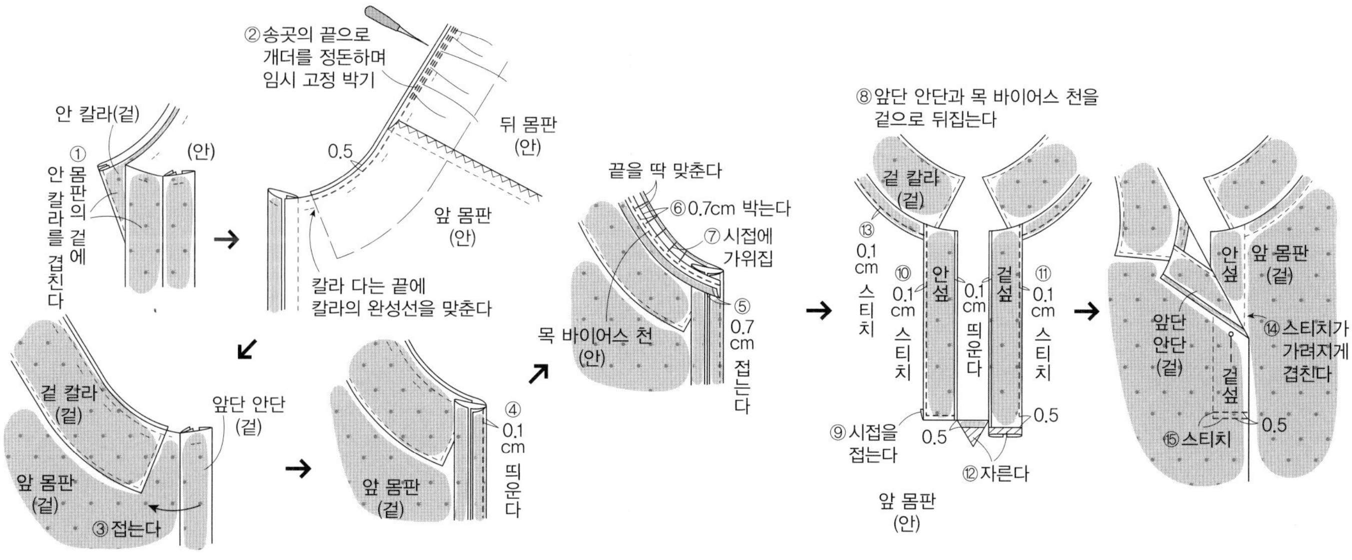

안 칼라(겉)
(안)
①안 몸판의 칼라를 겉에 겹친다
②송곳의 끝으로
개더를 정돈하며
임시 고정 박기
뒤 몸판
(안)
0.5
앞 몸판
(안)
칼라 다는 끝에
칼라의 완성선을 맞춘다
겉 칼라
(겉)
앞단 안단
(겉)
앞 몸판
(겉)
③접는다
앞 몸판
(겉)
④0.1cm 띄운다
끝을 딱 맞춘다
⑥0.7cm 박는다
⑦시접에
가위집
⑤0.7cm 접는다
목 바이어스 천
(안)
⑧앞단 안단과 목 바이어스 천을
겉으로 뒤집는다
겉 칼라
(겉)
⑬0.1cm 스티치
⑩0.1cm 스티치
안섶
0.1cm 띄운다
겉섶
⑪0.1cm 스티치
⑨시접을
접는다
0.5
0.5
⑫자른다
앞 몸판
(안)
안섶
앞 몸판
(겉)
앞단
안단
(겉)
⑭스티치가
가려지게
겹친다
겉섶
0.5
⑮스티치

22 no.22 데일리 튜닉

p.30／실물 대형 옷본 C면

【재료】(※치수는 왼쪽부터 90／100／110／120／130／140 사이즈)
겉감(퍼플 더블 거즈) 110cm 폭…100／110／120／130／150／160cm
다른 천(꽃무늬 프린트) 70cm 폭…30cm
접착심지(앞뒤 안단 · 포켓 입구 바이어스 천 · 바대 분량) 70cm 폭…30cm
지름 12mm 장식 단추…2개 · 지름 10mm 똑딱단추…2쌍

사이즈	90	100	110	120	130	140
가슴둘레	80.8	84.8	88.8	92.8	96.8	100.8
옷 길이	48.2	51.2	54.2	57.2	60.2	63.2
소매길이	21.1	25.1	29.1	33.1	37.1	41.1

【박는 포인트】

뒤트임은 단춧구멍이 서툰 분도 손쉽게 할 수 있는 똑딱단추 트임. 높이 차이가 나기 쉬운 뒤 요크의 겹침 부분은 천 두께에 맞춰 좌우 뒤 요크를 비켜 뒤 몸판과 박고, 목둘레가 어긋나지 않게 재봉한다. 몸판의 개더는 옆까지 잡지 않고 진동 둘레 앞(개더 끝)까지 잡으면 박기 쉽고 깔끔하게 완성된다. 개더 잡은 몸판을 위로 하여 송곳을 이용해 내보내며 조금씩 박자.

【박는 순서】

❶포켓을 만든다.
❷포켓을 앞 몸판에 단다. ※포켓 입구는 힘이 실리므로 얇은 천의 경우는 포켓 입구 안쪽에 접착심지를 붙인 바대를 대고 함께 박는다.
❸앞뒤 요크와 안단의 어깨를 각각 박고, 시접을 가른다.
❹요크와 안단을 박는다.
❺앞뒤 몸판에 개더를 잡는다(P.82의 ❷를 참조).
❻요크와 몸판을 박는다(P.82의 ❸을 참조).
❼몸판에 소매를 단다.
❽소매 밑과 옆을 박는다. ※진동 둘레의 시접은 앞뒤로 서로 다르게 눕히고, 천 두께를 균등하게 하여 높이 차이를 없애면 박음선이 어긋나지 않고, 깔끔하게 완성된다.
❾소맷부리와 밑단을 2번 접어 스티치한다. ※두꺼운 천의 경우는 시접을 자른다(P.83의 ❽을 참조).
❿뒤트임의 안쪽에 똑딱단추, 겉쪽에 장식 단추를 달아 완성.

재단 배치도

※천 겉면에 옷본을 배치하고 자른다
※지정된 시접 이외는 1cm
※치수는 위부터 90／100／110／120／130／140 사이즈
※도트 부분은 접착심지를 붙인다(P.51을 참조)

〈겉감〉

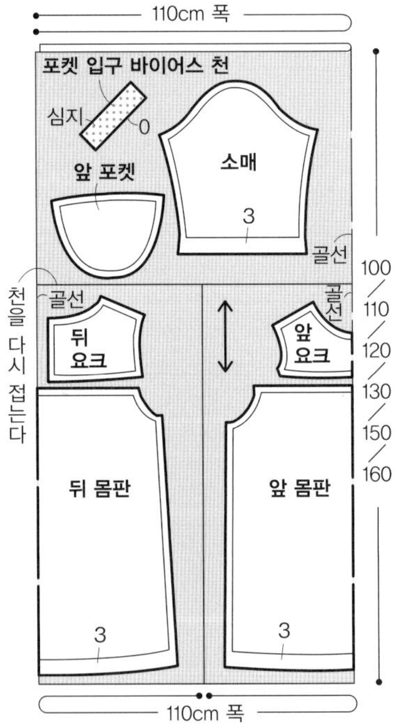
110cm 폭
포켓 입구 바이어스 천
심지
0
소매
앞 포켓
3
골선
천을 다시 접는다
골선
뒤 요크
앞 요크
골선
100
110
120
130
150
160
뒤 몸판
앞 몸판
3
3
110cm 폭

〈다른 천〉

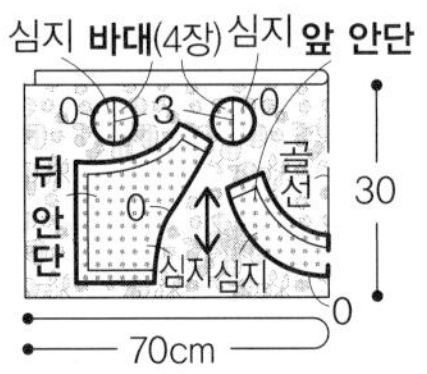
심지 바대(4장) 심지 앞 안단
0
3
0
뒤 안단
0
골선
30
심지 심지
0
70cm

박는 순서

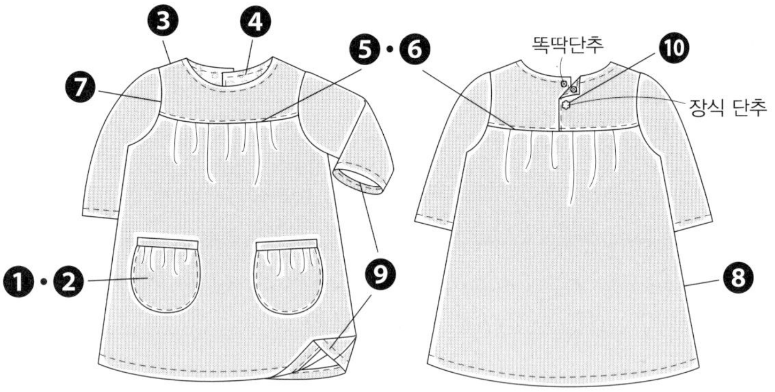
❸
❹
❺·❻
❼
❶·❷
❾
똑딱단추
❿
장식 단추
❽

❶포켓을 만든다

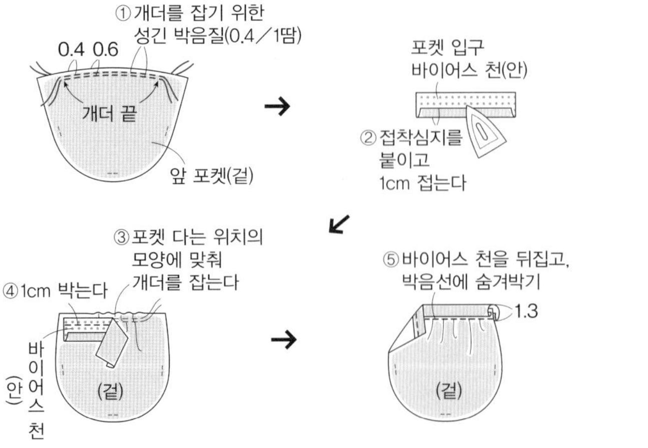
①개더를 잡기 위한 성긴 박음질(0.4／1땀)
0.4 0.6
개더 끝
앞 포켓(겉)
포켓 입구 바이어스 천(안)
②접착심지를 붙이고 1cm 접는다
③포켓 다는 위치의 모양에 맞춰 개더를 잡는다
④1cm 박는다
바이어스 천(안)
(겉)
⑤바이어스 천을 뒤집고, 박음선에 숨겨박기
1.3
(겉)

※숨겨박기…박음선 위에 바늘을 떨어뜨려 박는 방법

❷포켓을 단다

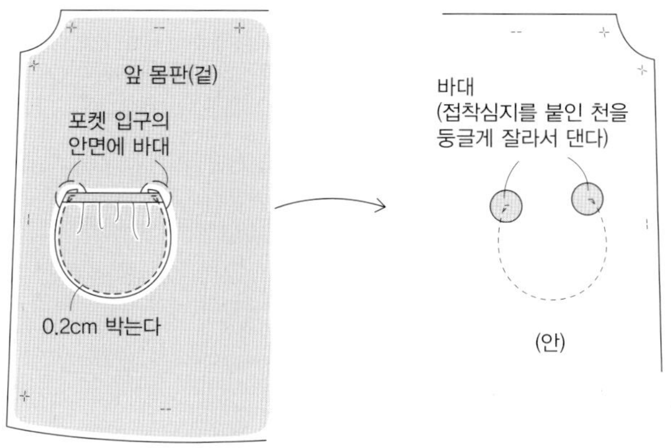
앞 몸판(겉)
포켓 입구의
안면에 바대
0.2cm 박는다
바대
(접착심지를 붙인 천을
둥글게 잘라서 댄다)
(안)

❸요크와 안단의 어깨를 박는다

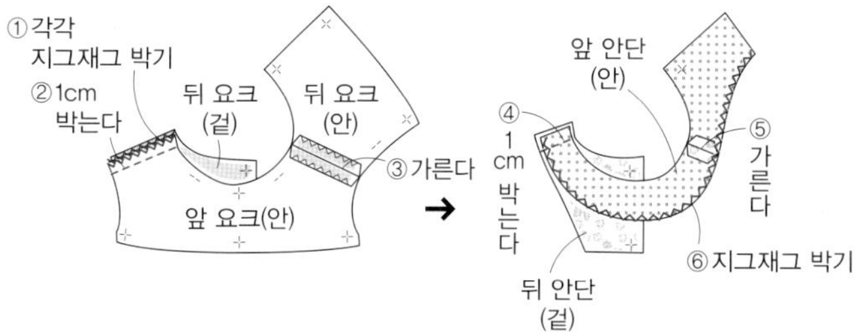
①각각
지그재그 박기
②1cm
박는다
뒤 요크
(겉)
뒤 요크
(안)
③가른다
앞 요크(안)
앞 안단
(안)
④
1
cm
박는다
⑤
가른다
⑥지그재그 박기
뒤 안단
(겉)

❹요크와 안단을 박는다

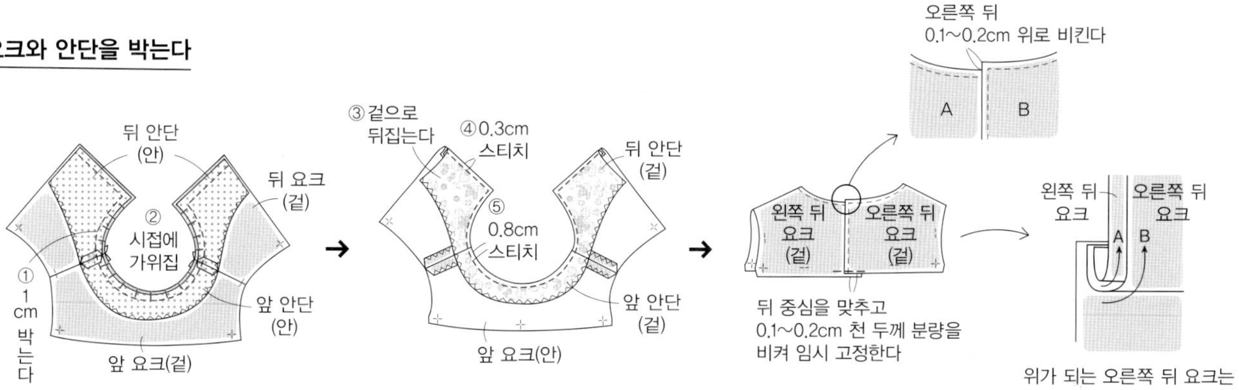
뒤 안단
(안)
뒤 요크
(겉)
②
시접에
가위집
①
1
cm
박는다
앞 안단
(안)
앞 요크(겉)
③겉으로
뒤집는다
④0.3cm
스티치
⑤
0.8cm
스티치
뒤 안단
(겉)
앞 안단
(겉)
앞 요크(안)
오른쪽 뒤
0.1~0.2cm 위로 비킨다
A
B
왼쪽 뒤
요크
(겉)
오른쪽 뒤
요크
(겉)
뒤 중심을 맞추고
0.1~0.2cm 천 두께 분량을
비켜 임시 고정한다
왼쪽 뒤
요크
오른쪽 뒤
요크
A
B

위가 되는 오른쪽 뒤 요크는
왼쪽 뒤 요크에 겹쳐 있는 만큼,
접을 때 천 두께가 필요하다.
이 분량의 여유분을 비켜서
잡아둔다

↓

비켜서 두면 접었을 때
목둘레가 딱 맞는다

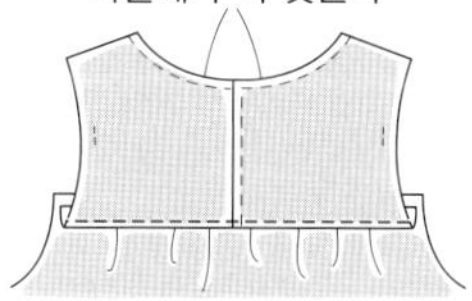

❼몸판에 소매를 단다

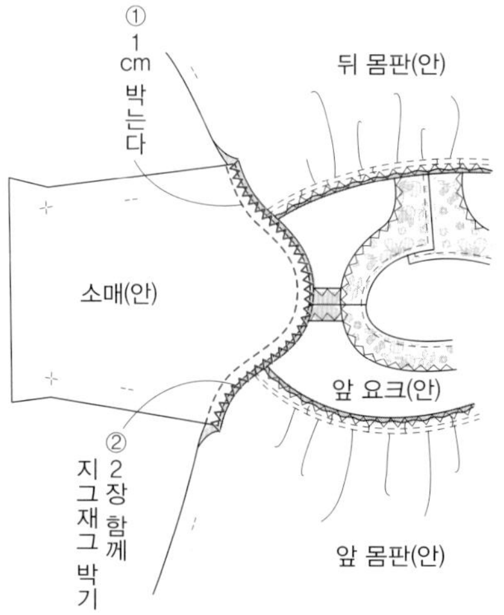
①
1
cm
박는다
뒤 몸판(안)
소매(안)
앞 요크(안)
②
2장 함께
지그재그 박기
앞 몸판(안)

❽소매 밑과 옆을 박는다

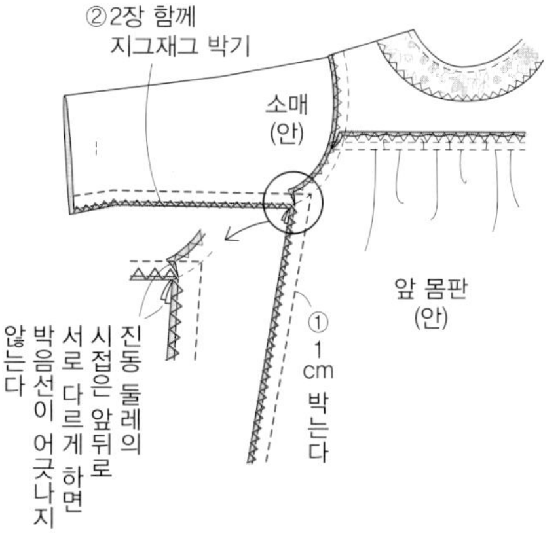
②2장 함께
지그재그 박기
소매
(안)
진동둘레의
시접은 앞뒤로
서로 다르게 하면
박음선이 어긋나지
않는다
①
1
cm
박는다
앞 몸판
(안)

23 no.23 하프 레깅스

p.30／실물 대형 옷본 D면

24 no.24 롱 레깅스

p.31／실물 대형 옷본 D면

【23 재료】(※치수는 왼쪽부터 90／100／110／120／130／140 사이즈)
겉감(베이지 꽃무늬 양면 골지 니트) 170cm 폭…50／60／60／70／70／70cm
다른 천(베이지 양면 골지 니트) 60cm 폭…20cm

【24 재료】
겉감(핑크 프레이즈) 170cm 폭…60／70／70／80／80／90cm

【공통 재료】
폭 15mm 고무줄…42.5／44／46／48／50／52cm
스핀 테이프(밑위 분량)…60／60／70／70／70／70cm
폭 5mm 새틴 리본(앞 중심의 표시)…15cm
※양면 골지 니트…양면 짜기의 매끄러운 니트 천. 유아복이나 하의 등에.
※프레이즈…신축성이 좋은 고무짜기 니트 천.
※스핀 테이프…니트 천 봉제에 사용하는 신축성이 있는 늘어짐 방지용 테이프.
※겉감은 양면 골지 니트 천이나 와플, 프레이즈 등 신축성이 좋은 니트 천을 사용하자. 저지나 이중직 니트 등 그다지 신축성이 없는 니트 천으로는 만들 수 없다.
※스핀 테이프가 없는 경우는 폭 12mm의 늘어짐 방지 테이프(하프 바이어스 타입)를 대용으로 시접에 붙여도 가능(테이프 길이…120cm).

사이즈	90	100	110	120	130	140
허리둘레	46	50	54	59	64	69
밑위(CF)	18.1	19.1	20.1	21.1	22.1	23.1
23 밑아래 ※고무단까지 포함	23.5	25.5	27.5	29.5	31.5	33.5
24 밑아래 ※고무단까지 포함	32.9	38.9	44.9	50.9	55.9	60.9

재단 배치도

※천 겉면에 옷본을 배치하고 자른다
※지정된 시접 이외는 1cm
※치수는 위부터 90／100／110／120／130／140 사이즈

〈23·24 겉감〉

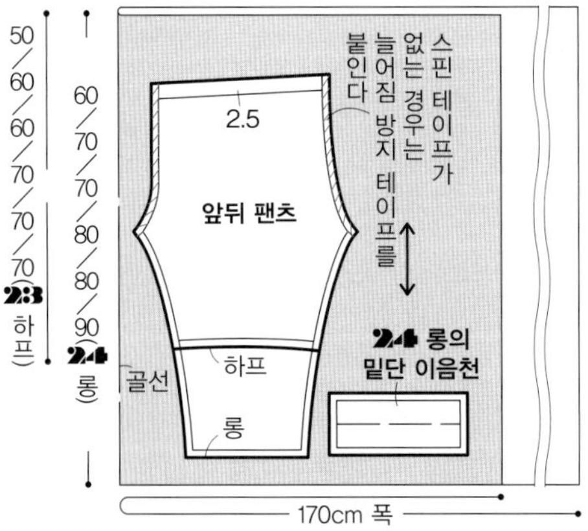

50／60／60／70／70／70
23 하프
60／70／70／80／80／90
24 롱
스핀 테이프가 없는 경우는 늘어짐 방지 테이프를 붙인다
2.5
앞뒤 팬츠
골선
하프
롱
24 롱의 밑단 이음천
170cm 폭

〈23 다른 천〉

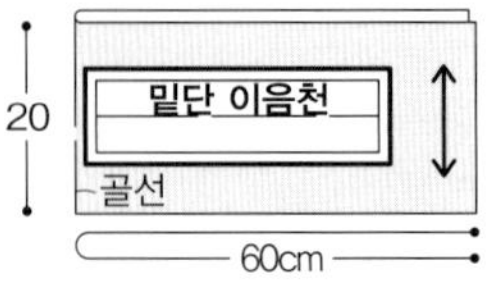

20
밑단 이음천
골선
60cm

※스핀 테이프가 없는 경우는 사선 부분에 늘어짐 방지 테이프를 붙인다

【박는 포인트】
옆 솔기가 없기 때문에 간단히 완성할 수 있다. 밑위는 늘어나지 않게 스핀 테이프를 함께 박고, 밑단은 너무 넓어지지 않게 같은 천의 이음천을 1번 접고 단다(고무단 재봉). ※실 끊어짐을 방지하기 위해 2개 바늘 오버로크 봉제를 추천한다. 니트 천을 가정용 재봉틀로 박는 경우의 포인트는 P.48을 참조.

【박는 순서 공통】
❶앞뒤 밑위를 박는다(스핀 테이프를 함께 박는다).
❷밑단에서 밑단까지 연결해 밑아래를 박는다. ※밑위의 시접은 앞뒤루 서로 다르게 눕히고, 천 두께를 균등하게 하여 높이 차이를 없애면 박음선이 어긋나지 않고, 깔끔하게 완성된다.
❸밑단 이음천을 만든다.
❹밑단에 밑단 이음천을 단다.
❺허리를 박고, 고무줄을 끼운다(고무줄이 꼬이지 않게 주의).
❻리본을 만들고(P.86의 ❼을 참조), 고무줄에 걸리지 않게 앞 중심에 달아 완성.

박는 순서

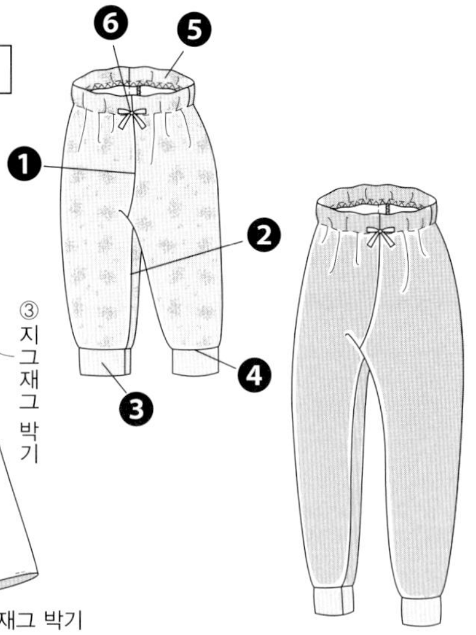

❶
❷
❸
❹
❺
❻

❶밑위를 박는다

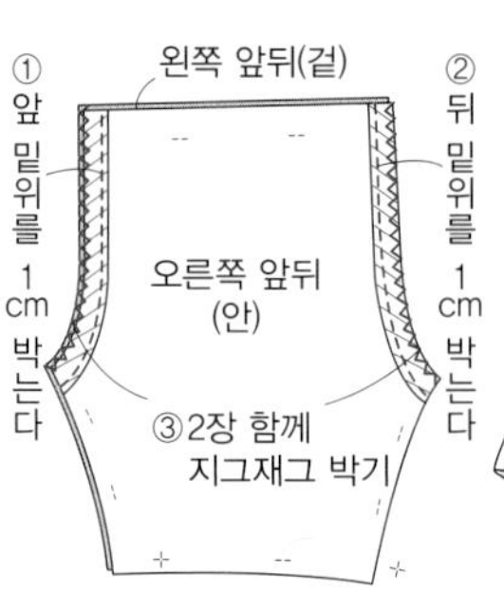

왼쪽 앞뒤(겉)
①앞 밑위를 1cm 박는다
②뒤 밑위를 1cm 박는다
오른쪽 앞뒤 (안)
③2장 함께 지그재그 박기

❷밑아래를 박는다

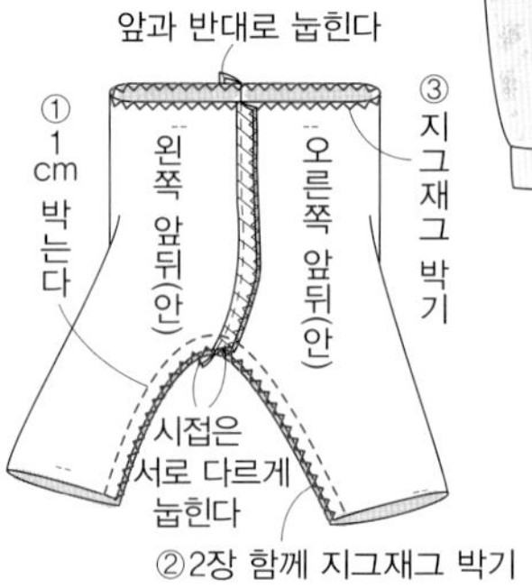

앞과 반대로 눕힌다
①1cm 박는다
왼쪽 앞뒤(안)
오른쪽 앞뒤(안)
③지그재그 박기
시접은 서로 다르게 눕힌다
②2장 함께 지그재그 박기

❸밑단 이음천을 만든다

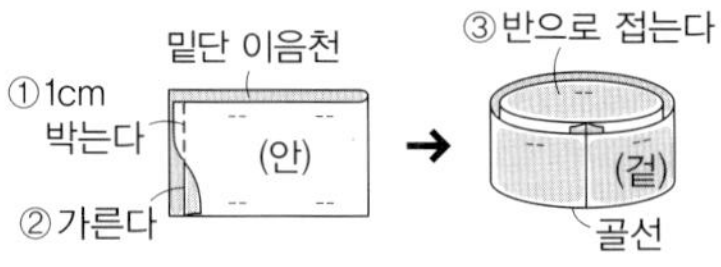

밑단 이음천
①1cm 박는다
(안)
②가른다
③반으로 접는다
(겉)
골선

❹밑단 이음천을 단다

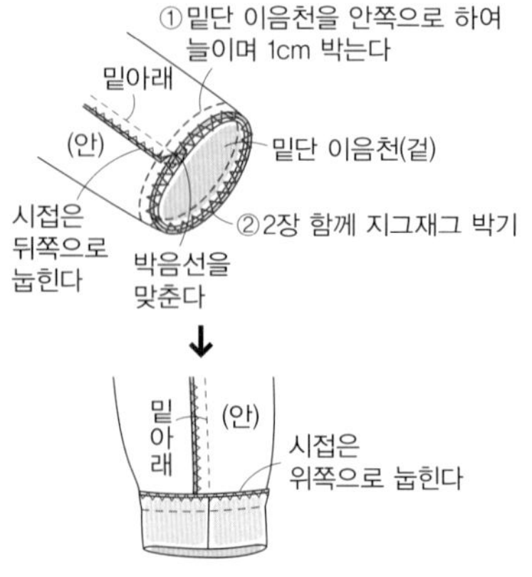

①밑단 이음천을 안쪽으로 하여 늘이며 1cm 박는다
밑아래
(안)
밑단 이음천(겉)
시접은 뒤쪽으로 눕힌다
②2장 함께 지그재그 박기
박음선을 맞춘다
밑아래
(안)
시접은 위쪽으로 눕힌다

❺허리를 마무리한다

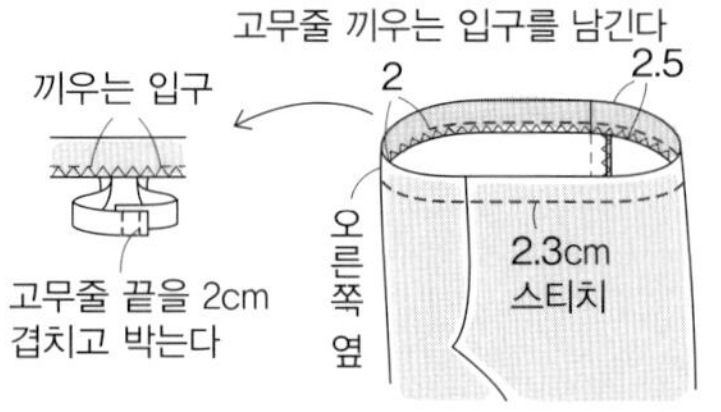

고무줄 끼우는 입구를 남긴다
끼우는 입구
2
2.5
고무줄 끝을 2cm 겹치고 박는다
오른쪽 옆
2.3cm 스티치

26 no.26 원마일 백

p.32／실물 대형 옷본 F면

【재료】
겉감(퍼플 리넨) 40cm 폭…50cm
다른 천(꽃무늬 프린트) 50cm 폭…30cm
안감(연자주색 리넨) 30cm 폭…40cm

【박는 포인트】
시접 처리가 필요 없는 전체 안감 재봉으로 튼튼하게 완성한다. 아래 바닥은 옆 솔기를 이용하는 간단한 방법. 세탁 시 건조가 빠르게 속 고정(안쪽 백이 나오지 않게 바닥을 고정한다)을 하지 않고 완성한다.

【박는 순서】
일러스트를 참조.

【완성 치수】
17.5(가로)×15(세로)×6(바닥)cm

박는 순서

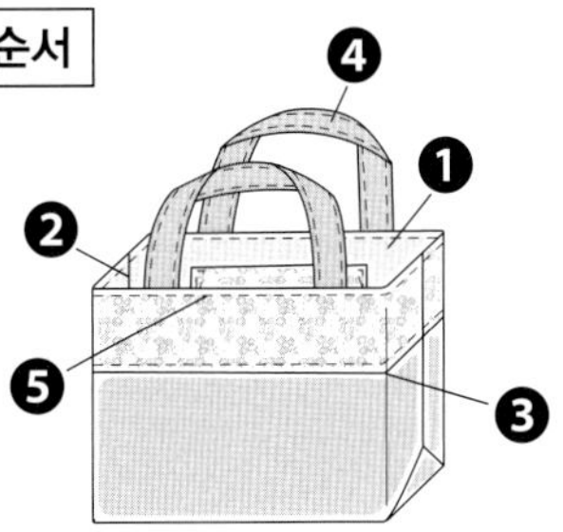
❶
❷
❸
❹
❺

재단 배치도

※천 겉면에 옷본을 배치하고 자른다
※시접은 모두 1cm

〈겉감〉

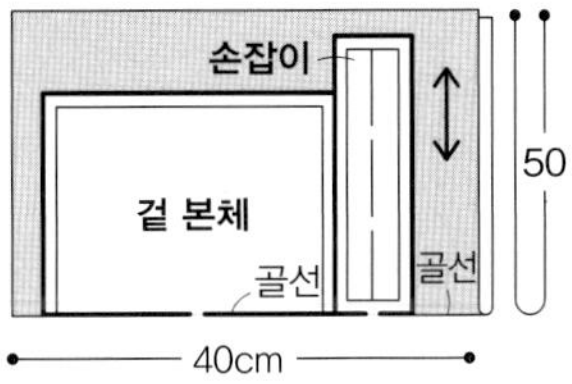
손잡이
겉 본체
골선
골선
50
40cm

〈다른 천〉

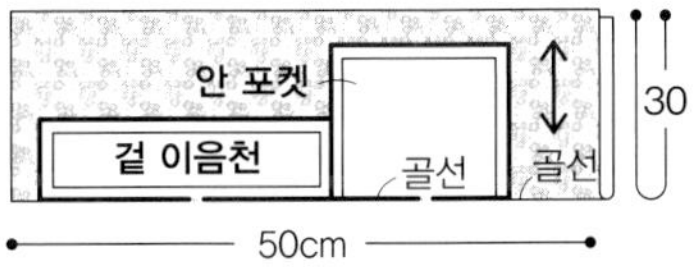
안 포켓
겉 이음천
골선
골선
30
50cm

〈안감〉

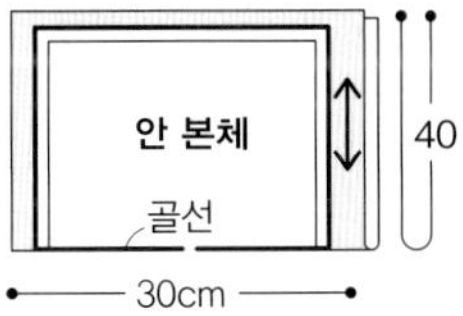
안 본체
골선
40
30cm

❶안 포켓을 만들고, 안 본체에 단다

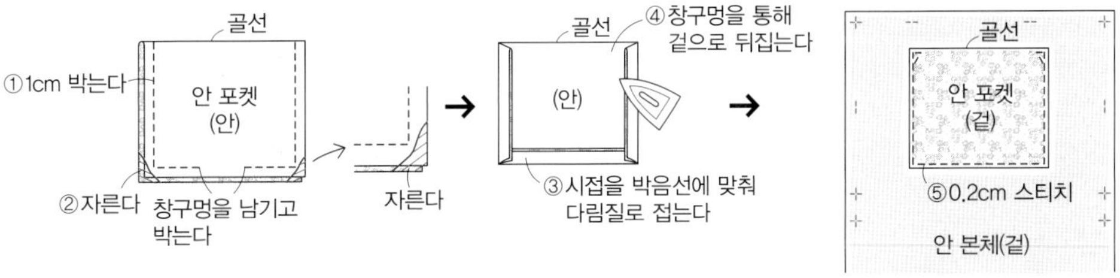
골선
①1cm 박는다
안 포켓
(안)
②자른다
창구멍을 남기고
박는다
자른다
골선
④창구멍을 통해
겉으로 뒤집는다
(안)
③시접을 박음선에 맞춰
다림질로 접는다
골선
안 포켓
(겉)
⑤0.2cm 스티치
안 본체(겉)

❷안 본체를 만든다

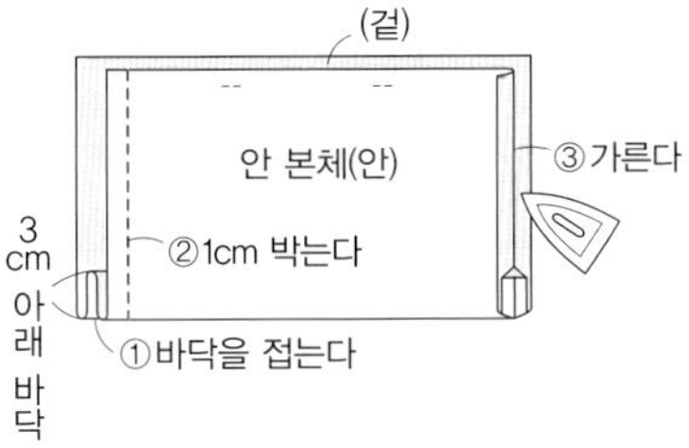
(겉)
안 본체(안)
③가른다
②1cm 박는다
3
cm
아래
바닥
①바닥을 접는다

❸겉 본체에 겉 이음천을 박고, 옆을 박는다

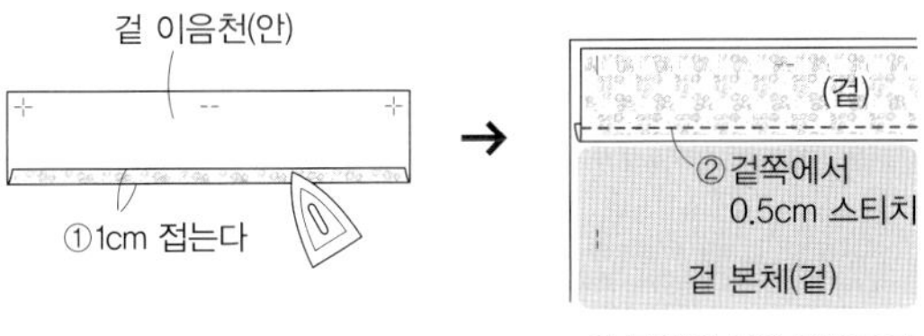
겉 이음천(안)
①1cm 접는다
(겉)
②겉쪽에서
0.5cm 스티치
겉 본체(겉)

※안 본체와 같은 방법으로
바닥을 접고 옆을 박는다

❹손잡이를 만든다

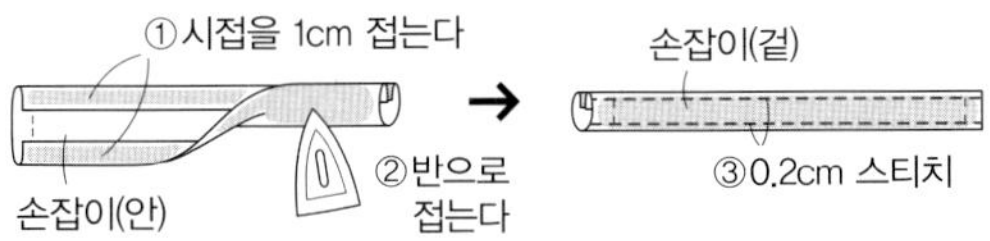
①시접을 1cm 접는다
손잡이(안)
②반으로
접는다
손잡이(겉)
③0.2cm 스티치

❺겉안 본체의 가방 입구에 손잡이를 끼우고 박는다

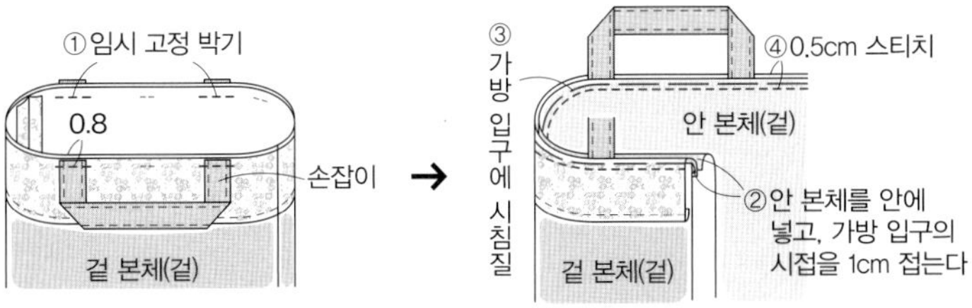
①임시 고정 박기
0.8
손잡이
겉 본체(겉)
③
가방
입구에
시침질
④0.5cm 스티치
안 본체(겉)
②안 본체를 안에
넣고, 가방 입구의
시접을 1cm 접는다
겉 본체(겉)

25 no.25 7부 소매 프릴 원피스

p.32／실물 대형 옷본 A면

【재료】(※치수는 왼쪽부터 90／100／110／120／130／140 사이즈)
겉감(꽃무늬 프린트) 110cm 폭…120／130／140／150／160／170cm
접착심지(앞 포켓 입구의 시접 · 포켓 입구의 바대 분량) 20×10cm
지름 12mm 단추…1개
폭 15mm 토션 레이스…90~120은 30cm, 130 · 140은 35cm

사이즈	90	100	110	120	130	140
가슴둘레	65.3	69.3	73.3	77.3	81.3	85.3
옷 길이	50.8	55.8	60.8	65.8	70.8	75.8
소매길이	25.3	28.3	31.3	34.3	37.3	40.3

【박는 포인트】
목 프릴은 안쪽이 보여도 깔끔하게 쌈솔 박기와 2번 말아박기로 마무리. 몸판과 맞춰 박을 때도 천이 두꺼워지지 않게 어깨 시접의 눕히는 방향에 주의해 완성하자.

【박는 순서】
※❶~❺, ⓫, ⓬는 리넨의 프릴 원피스 만드는 법(P.44~47의 레슨 페이지)을 참조. 몸판의 옆과 소매의 소매 밑은 쌈솔이 아닌 재봉틀로 박고 지그재그 박기로 마무리한다.
❶포켓을 만들고, 앞 몸판에 단다. 포켓의 턱을 접고, 토션 레이스를 끼워 스티치한다. ※포켓 입구는 힘이 실리므로 얇은 천의 경우는 포켓 입구의 안쪽에 접착심지를 붙인 바대를 대고 함께 박는다(P.96의 ❷를 참조).
❷몸판의 어깨를 쌈솔로 박는다.
❸목 프릴을 만든다.
❹앞트임의 천 고리를 만든다(P.55를 참조).
❺천 고리를 끼우고, 몸판에 목 프릴을 단다.
❻몸판의 옆을 박고, 2장 함께 지그재그 박기를 한다. 시접은 뒤쪽으로 눕힌다(P.96의 ❺를 참조).
❼소매를 겉끼리 맞대어 소매 밑을 박고, 2장 함께 지그재그 박기를 한다.
❽소맷부리 프릴을 만든다. 프릴의 소매 밑은 쌈솔로 박고, 프릴 끝을 2번 말아박기(P.81의 ❹를 참조)로 마무리한다.
❾소매에 소맷부리 프릴을 단다.
❿소매를 몸판에 달고, 2장 함께 지그재그 박기를 한다.
⓫밑단을 2번 접어 스티치한다.
⓬목 프릴의 앞 중심에 숨겨박기를 하고, 단추를 달아 완성.

박는 순서

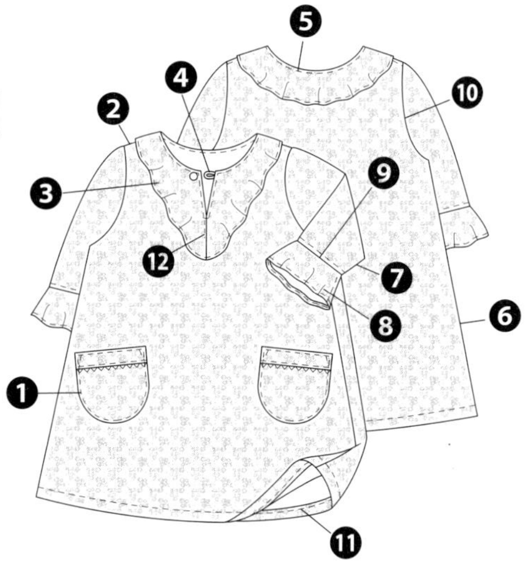
❶
❷
❸
❹
❺
❻
❼
❽
❾
❿
⓫
⓬

재단 배치도

※천 겉면에 옷본을 배치하고 자른다
※지정된 시접 이외는 1cm
※치수는 위부터 90／100／110／120／130／140 사이즈
※도트 부분은 접착심지를 붙인다(P.51을 참조)

〈겉감〉

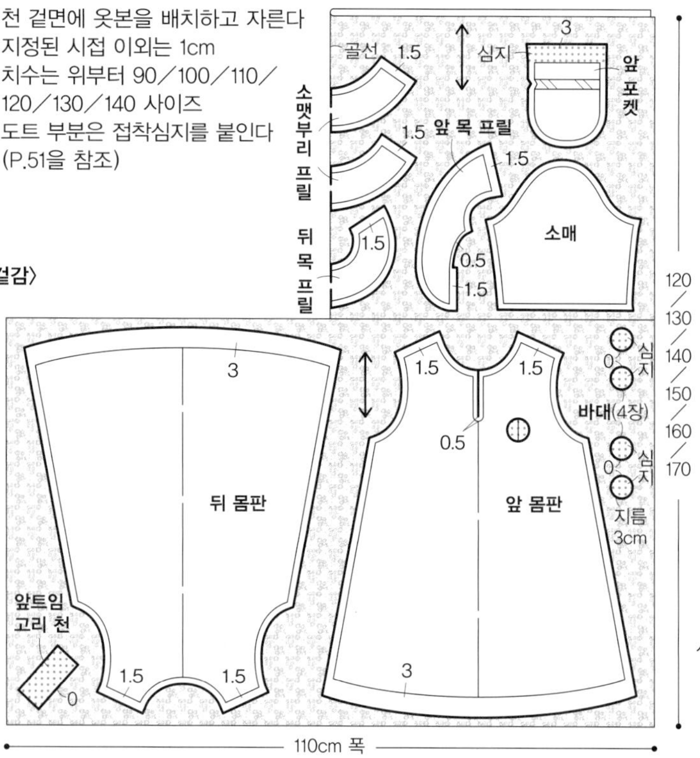
골선
1.5
심지
3
앞 포켓
소맷부리 프릴
1.5
앞 목 프릴
1.5
뒤 목 프릴
1.5
소매
0.5
1.5
3
뒤 몸판
1.5
1.5
0.5
앞 몸판
심지
바대(4장)
심지
지름 3cm
120／130／140／150／160／170
앞트임 고리 천
1.5
1.5
0
3
110cm 폭

❽소맷부리 프릴을 만든다

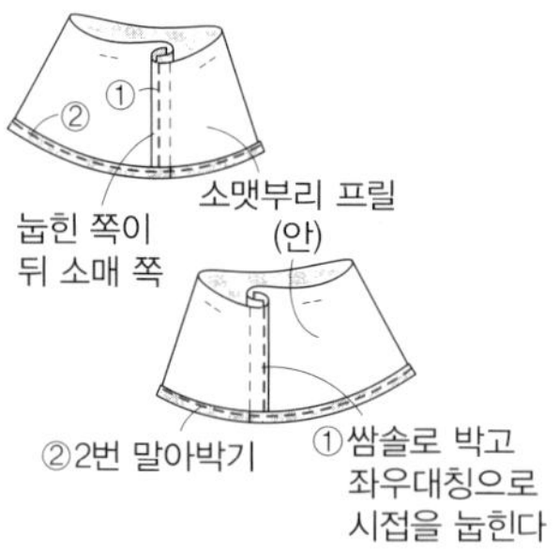
②
①
눕힌 쪽이 뒤 소매 쪽
소맷부리 프릴 (안)
②2번 말아박기
①쌈솔로 박고 좌우대칭으로 시접을 눕힌다

❾소맷부리 프릴을 단다

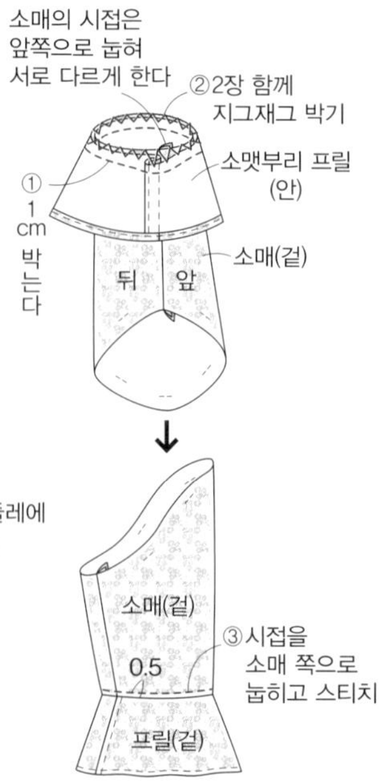
소매의 시접은 앞쪽으로 눕혀 서로 다르게 한다
②2장 함께 지그재그 박기
소맷부리 프릴 (안)
①1cm 박는다
소매(겉)
뒤
앞
소매(겉)
0.5
③시접을 소매 쪽으로 눕히고 스티치
프릴(겉)

❿몸판에 소매를 단다

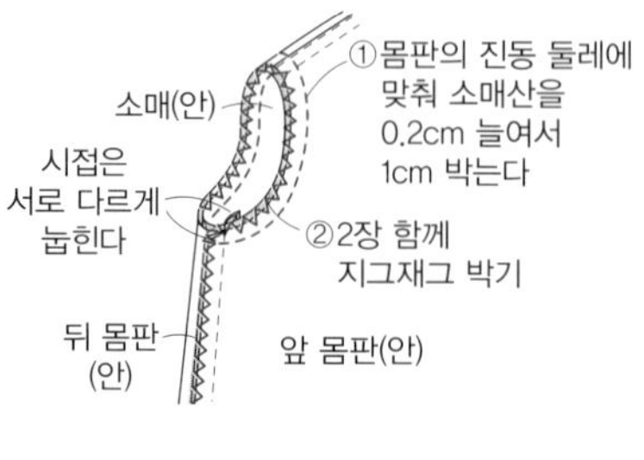
소매(안)
①몸판의 진동 둘레에 맞춰 소매산을 0.2cm 늘여서 1cm 박는다
시접은 서로 다르게 눕힌다
②2장 함께 지그재그 박기
뒤 몸판 (안)
앞 몸판(안)

27 no.27 셔츠 원피스

p.34／실물 대형 옷본 C면

【재료】 (※치수는 왼쪽부터 90／100／110／120／130／140 사이즈)
겉감(체크무늬 헤링본) 110cm 폭…130／140／150／160／170／180cm
다른 천(퍼플 리넨) 120cm 폭…130／130／140／140／150／150cm
접착심지(앞단·포켓 입구 바이어스 천·벨트 고리·포켓 입구 바대 분량)
40cm 폭…60／60／70／70／80／80cm
지름 15mm 단추…6개
폭 5mm 고무줄…14／14／15／15／16／16cm 2개
※헤링본…줄무늬의 결이 서로 엇갈리게 비스듬히 짜인 천.

사이즈	90	100	110	120	130	140
가슴둘레	69.7	73.7	77.7	81.7	85.7	89.7
옷 길이	51.4	56.4	61.4	66.4	71.4	76.4
소매길이	30.5	34.5	38.5	42.5	46.5	50.5

【박는 포인트】
소맷부리는 만들기 쉽고 입기 편하게 고무줄을 끼워 개더를 잡은 간단한 유형. 앞단의 밑단 부분은 천의 두께감이 느껴질 수 있으므로, 앞단을 1번 접어 박은 뒤 여분의 시접을 잘라 겉으로 뒤집고, 깔끔하게 완성한다. 프릴 끝의 2번 말아박기는 재봉틀용 부속 '말아박기 노루발'을 사용하면 간단히 박을 수 있다. 프릴 등 개더가 예쁘게 배분되게 송곳을 이용해 공들여 완성하자.

【박는 순서】
❶포켓을 만든다.
❷포켓을 앞 몸판에 단다. ※포켓 입구는 힘이 실리므로 얇은 천의 경우는 포켓 입구의 안쪽에 접착심지를 붙인 바대를 대서 함께 박는다.
❸뒤 몸판에 개더를 잡고, 뒤 요크와 박는다.
❹벨트 고리를 만든다.
❺몸판의 어깨와 옆을 박고, 밑단을 2번 접어 스티치한다.
❻앞 몸판에 앞단을 박는다.
❼2번 말아박기로 처리한 프릴에 개더를 잡고, 몸판과 앞단 사이에 끼워 박는다. ※천이 겹쳐 두꺼워지므로 시침질을 해야 깔끔하게 박을 수 있다.
❽목을 바이어스 천으로 마무리한다.
❾소매 밑을 박고, 소매산에 개더를 잡아 몸판에 단다. ※몸판의 옆과 소매의 소매 밑 시접은 서로 다르게 눕히고, 천 두께를 균등하게 하여 높이 차이를 없애면 박음선이 어긋나지 않고 깔끔하게 완성된다.
❿소맷부리에 고무줄을 끼운다.
⓫단춧구멍을 만들고, 단추를 단다.
⓬허리 벨트를 만들어 완성.

〈겉감〉

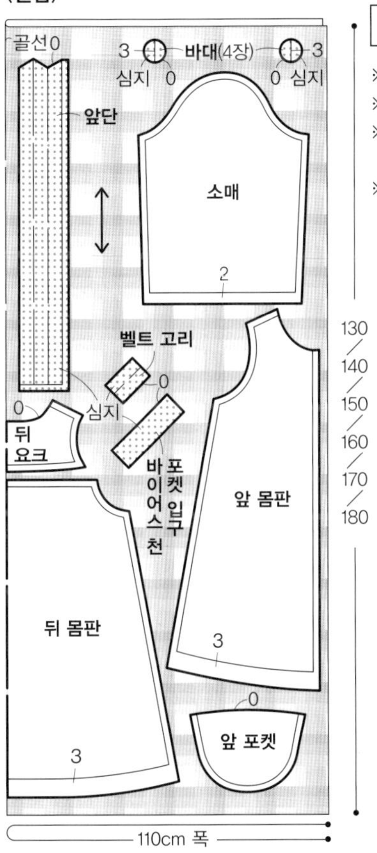
골선0
3
바대(4장)
3
심지 0
0 심지
앞단
소매
2
벨트 고리
0
심지
0
뒤 요크
바이어스 천
포켓 입구
앞 몸판
뒤 몸판
3
3
0
앞 포켓
130
140
150
160
170
180
110cm 폭

재단 배치도

※천 겉면에 옷본을 배치하고 자른다
※지정된 시접 이외는 1cm
※치수는 위부터 90／100／110／120／130／140 사이즈
※도트 부분은 접착심지를 붙인다(P.51을 참조)

〈다른 천〉 ※다른 천을 사용하지 않고, 모두 같은 천으로 완성해도 가능(이 경우는 겉감 치수에 20cm 더한다).

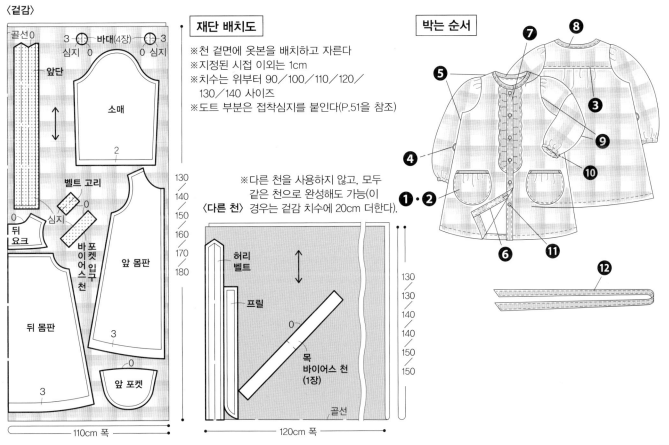

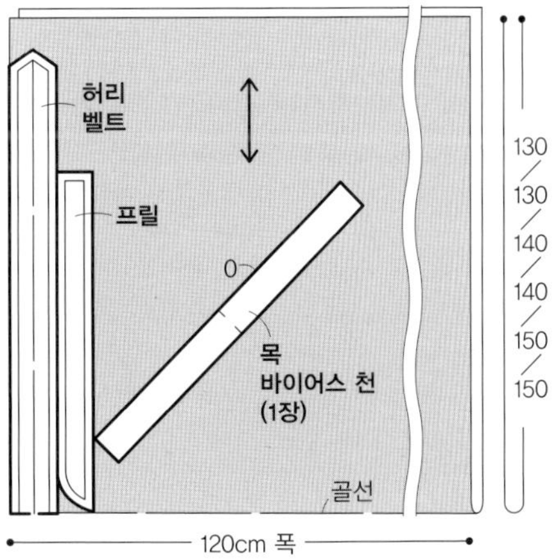
허리 벨트
프릴
0
목 바이어스 천 (1장)
골선
130
130
140
140
150
150
120cm 폭

박는 순서

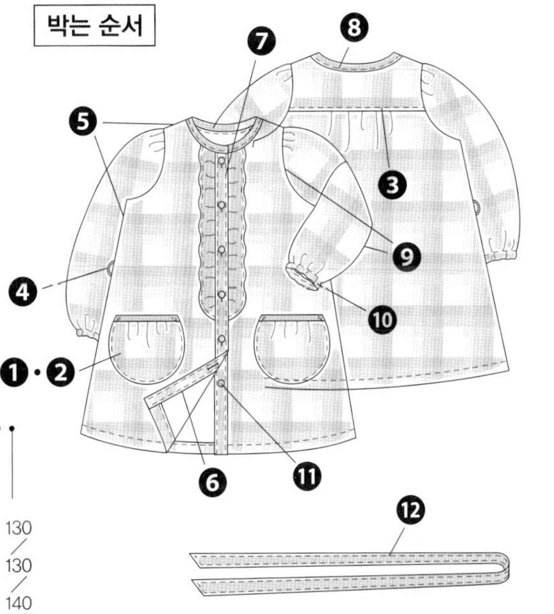
7
8
5
3
9
4
10
1·2
6
11
12

❶포켓을 만든다

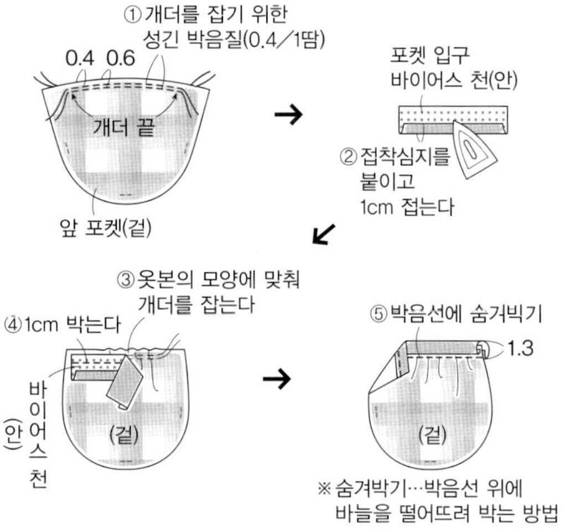
①개더를 잡기 위한
성긴 박음질(0.4／1땀)
0.4 0.6
개더 끝
앞 포켓(겉)
포켓 입구
바이어스 천(안)
②접착심지를
붙이고
1cm 접는다
③옷본의 모양에 맞춰
개더를 잡는다
④1cm 박는다
바이어스 천(안)
(겉)
⑤박음선에 숨거박기
1.3
(겉)
※숨겨박기…박음선 위에
바늘을 떨어뜨려 박는 방법

❷포켓을 단다

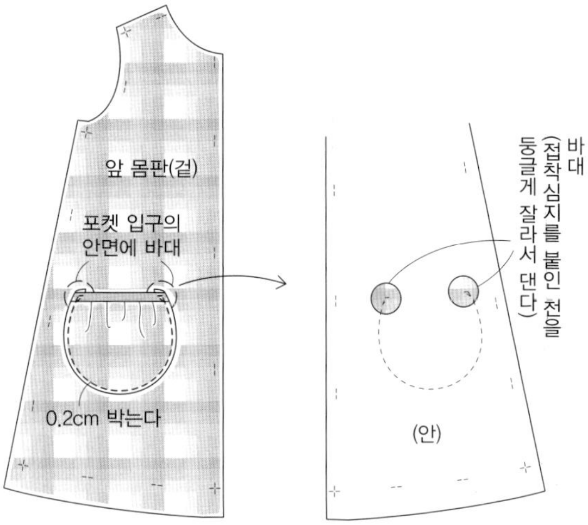
앞 몸판(겉)
포켓 입구의
안면에 바대
0.2cm 박는다
바대
(접착심지를 붙인 천을
둥글게 잘라서 댄다)
(안)

❸뒤 몸판과 뒤 요크를 박는다

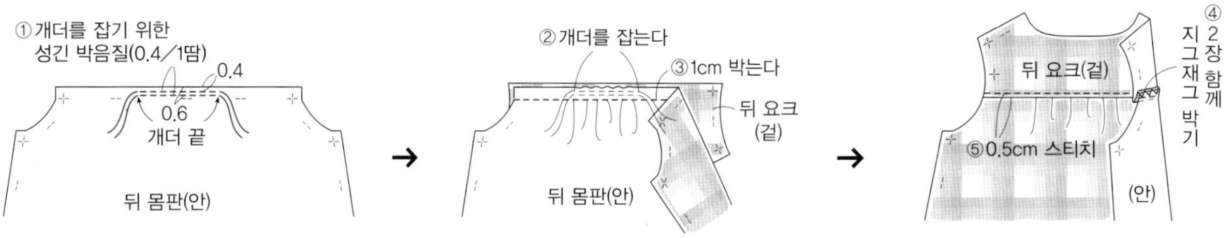
①개더를 잡기 위한
성긴 박음질(0.4／1땀)
0.4
0.6
개더 끝
뒤 몸판(안)
②개더를 잡는다
③1cm 박는다
뒤 요크
(겉)
뒤 몸판(안)
뒤 요크(겉)
④2장 함께
지그재그 박기
⑤0.5cm 스티치
(안)

❹벨트 고리를 만든다

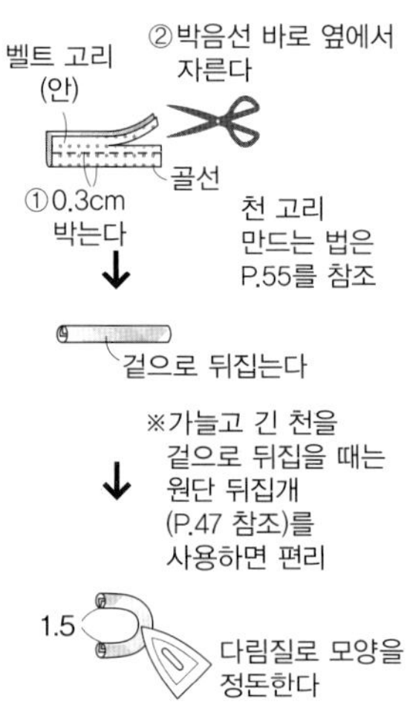
벨트 고리
(안)
②박음선 바로 옆에서
자른다
골선
①0.3cm
박는다
천 고리
만드는 법은
P.55를 참조
겉으로 뒤집는다
※가늘고 긴 천을
겉으로 뒤집을 때는
원단 뒤집개
(P.47 참조)를
사용하면 편리
1.5
다림질로 모양을
정돈한다

❺몸판의 어깨와 옆, 밑단을 박는다

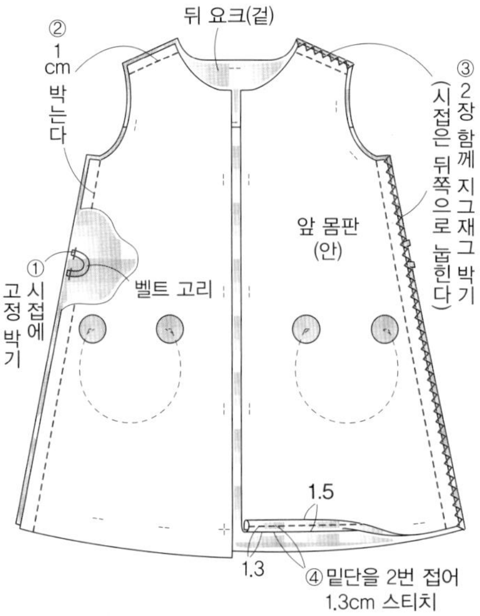
뒤 요크(겉)
②1cm 박는다
③2장 함께 지그재그 박기
(시접은 뒤쪽으로 눕힌다)
①시접에 고정 박기
벨트 고리
앞 몸판
(안)
1.5
1.3
④밑단을 2번 접어
1.3cm 스티치

❻앞 몸판에 앞단을 박는다

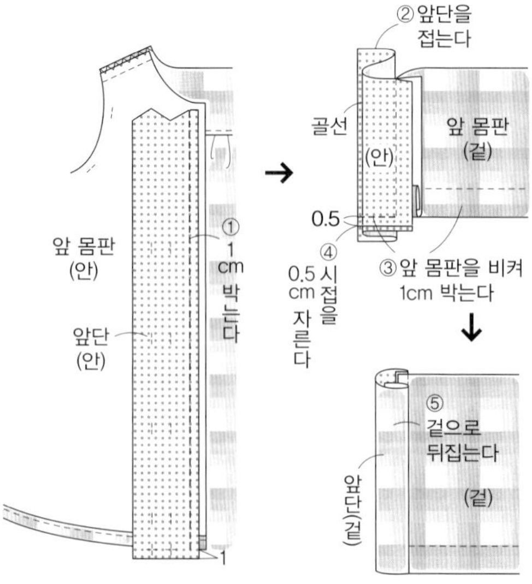
앞 몸판
(안)
앞단
(안)
①1cm 박는다
1
②앞단을
접는다
골선
(안)
앞 몸판
(겉)
0.5
④0.5cm 시접을 자른다
③앞 몸판을 비켜
1cm 박는다
⑤겉으로
뒤집는다
앞단(겉)
(겉)

❼프릴을 앞단에 끼워 박는다

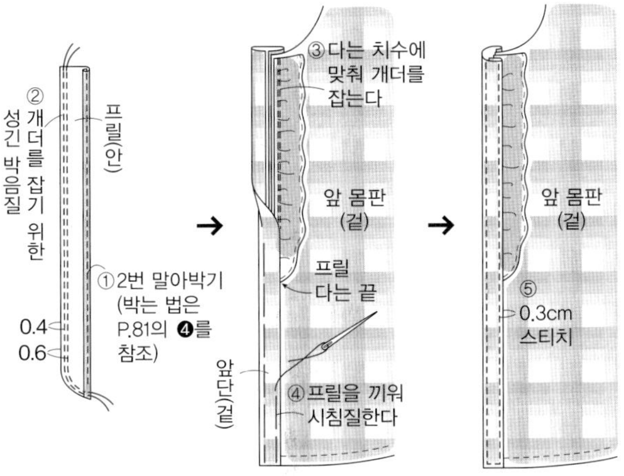
②개더를 잡기 위한 성긴 박음질
프릴(안)
①2번 말아박기 (박는 법은 P.81의 ❹를 참조)
0.4
0.6
③다는 치수에 맞춰 개더를 잡는다
앞 몸판 (겉)
프릴 다는 끝
④프릴을 끼워 시침질한다
앞단(겉)
⑤0.3cm 스티치

❽목을 바이어스 천으로 마무리한다

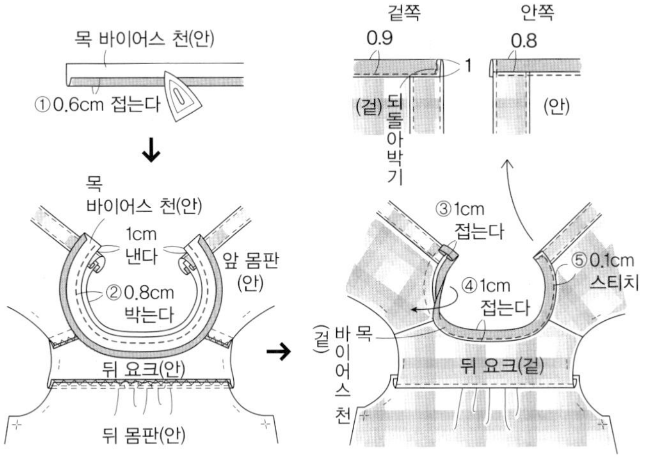
목 바이어스 천(안)
①0.6cm 접는다
목 바이어스 천(안)
1cm 낸다
②0.8cm 박는다
앞 몸판 (안)
뒤 요크(안)
뒤 몸판(안)
겉쪽
안쪽
0.9
0.8
1
(겉) 되돌아박기
(안)
③1cm 접는다
④1cm 접는다
⑤0.1cm 스티치
목 바이어스 천(겉)
뒤 요크(겉)

❾소매를 만들고, 몸판에 단다

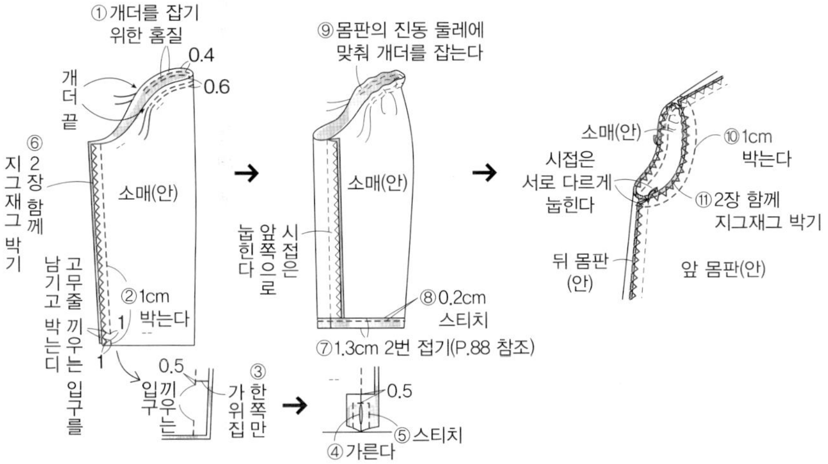
①개더를 잡기 위한 홈질
0.4
0.6
개더 끝
⑥2장 함께 지그재그 박기
소매(안)
②1cm 박는다
고무줄 끼우는 입구를 남기고 박는다
1
1
0.5
끼우는 입구
③한쪽만 가위집
④가른다
0.5
⑤스티치
⑨몸판의 진동 둘레에 맞춰 개더를 잡는다
시접은 앞쪽으로 눕힌다
⑧0.2cm 스티치
⑦1.3cm 2번 접기(P.88 참조)
소매(안)
시접은 서로 다르게 눕힌다
⑩1cm 박는다
⑪2장 함께 지그재그 박기
뒤 몸판 (안)
앞 몸판(안)

❿소맷부리에 고무줄을 끼운다

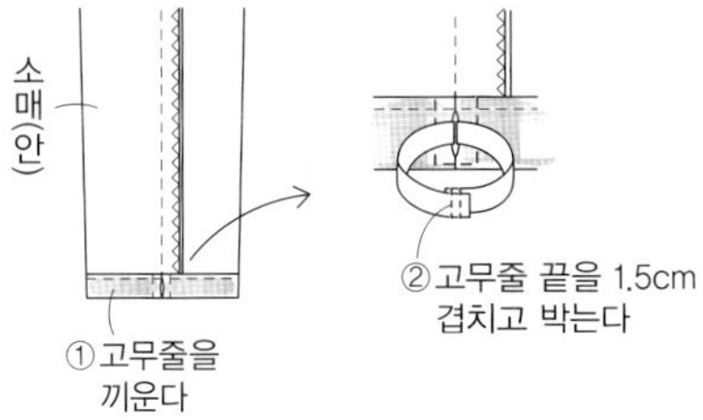
소매(안)
①고무줄을 끼운다
②고무줄 끝을 1.5cm 겹치고 박는다

⓫단춧구멍을 만들고, 단추를 단다

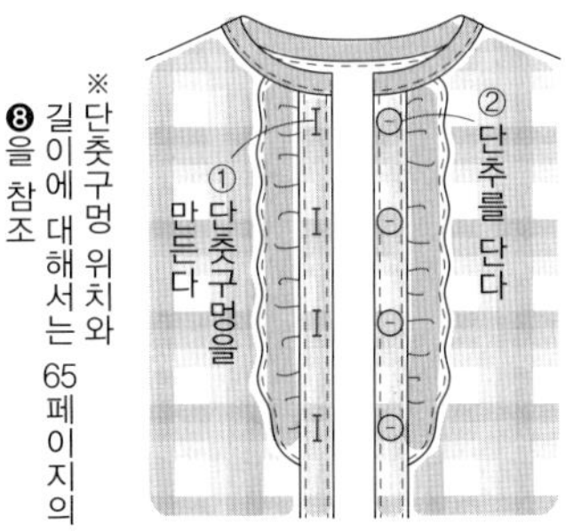
※단춧구멍 위치와 길이에 대해서는 65페이지의 ❽을 참조
①단춧구멍을 만든다
②단추를 단다

〈단추 다는 법〉

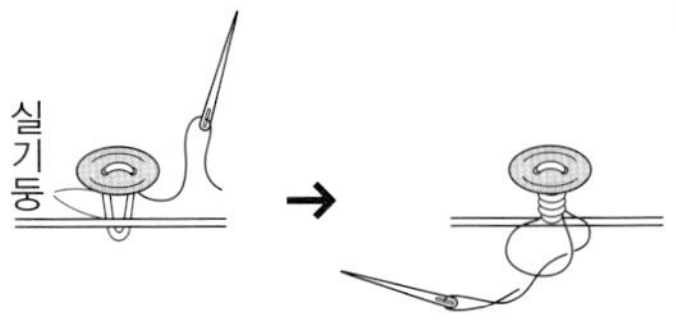
실기둥

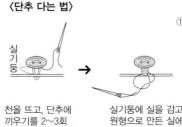

천을 뜨고, 단추에 끼우기를 2~3회 반복한다. 실기둥을 남겨둔다.

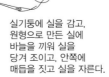

실기둥에 실을 감고, 원형으로 만든 실에 바늘을 끼워 실을 당겨 조이고, 안쪽에 매듭을 짓고 실을 자른다.

⓬허리 벨트를 만든다

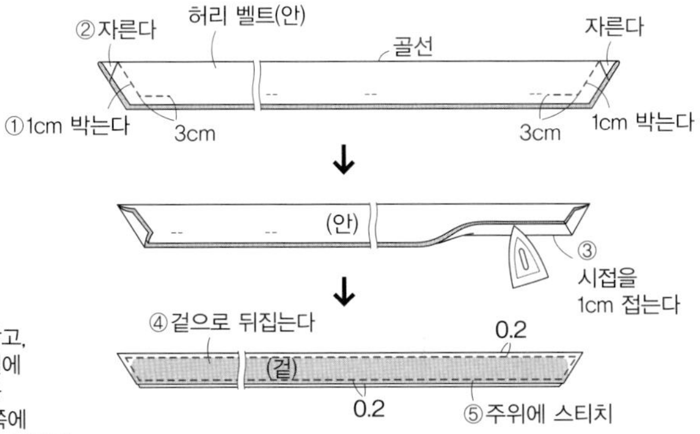
②자른다
허리 벨트(안)
자른다
골선
①1cm 박는다
3cm
3cm
1cm 박는다
(안)
③시접을 1cm 접는다
④겉으로 뒤집는다
0.2
(겉)
0.2
⑤주위에 스티치

28 no.28 집업 후드 파카

p.34／실물 대형 옷본 E면

【재료】(※치수는 왼쪽부터 90／100／110／120／130／140 사이즈)
겉감(블루 도트의 스크램블 이중직 니트) 140cm 폭…70／70／80／80／90／90cm
다른 천(블루 스판 프레이즈) 90cm 폭…40cm
폭 20mm 늘어짐 방지 테이프(하프 바이어스 타입, 앞 끝·포켓 입구 분량)…120cm
5호 코일 또는 비슬론 오픈 지퍼(위 막음쇠부터 아래 막음쇠까지)…33／36／39／42／45／48cm 1개
폭 10mm 능직 테이프(목둘레 마무리 분량)…40cm
※이중직(접결) 니트…변 니트를 2장 겹신 것.
※스판 프레이즈…신축성 좋은 고무짜기 니트 천.

사이즈	90	100	110	120	130	140
가슴둘레	63.8	67.8	71.8	75.8	79.8	83.8
옷 길이	30.9	33.9	36.9	39.9	42.9	45.9
화장 (SNP에서)	37	42	47	52	57	62

【박는 포인트】
옆 솔기를 이용한 간단한 심 포켓. 몸판·안단과 밑단 고무단의 맞춰 박는 부분은 천이 두꺼워지지 않게 시접을 갈라서 재봉한다. ※니트 천을 박을 때는 니트용 재봉 바늘과 재봉실을 사용하면 안심이다. 니트 천을 가정용 재봉틀로 박는 경우의 포인트는 P.48을 참조.

【박는 순서】
❶앞뒤 몸판과 소매를 박는다(P.100의 ❷를 참조).
❷소매 밑과 옆을 연결해 박고, 포켓을 만든다. ※래글런선의 시접은 앞뒤로 서로 다르게 눕히고, 천 두께를 균등하게 하여 높이 차이를 없애면 박음선이 어긋나지 않고 깔끔하게 완성된다.
❸앞 몸판과 밑단 고무단의 앞 중심 쪽만 박는다(P.101의 ❹를 참조). 밑단 고무단의 가위집은 넣지 않고 둔다.

재단 배치도

※천 겉면에 옷본을 배치하고 자른다
※지정된 시접 이외는 1cm
※치수는 위부터 90／100／110／120／130／140 사이즈
※사선 부분은 늘어짐 방지 테이프를 붙인다(P.51을 참조)

〈겉감〉

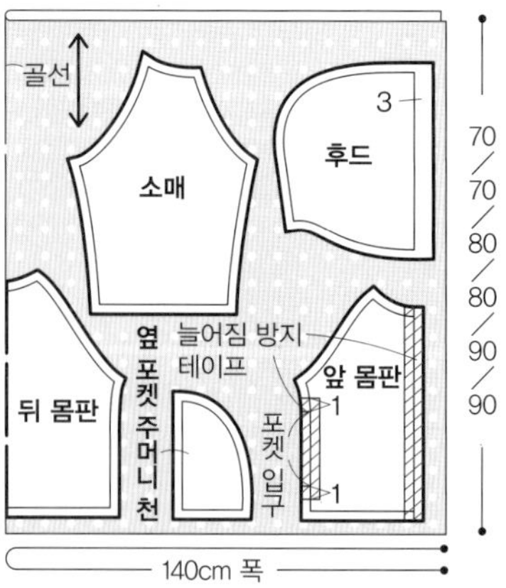

골선
소매
후드
3
뒤 몸판
옆 포켓 주머니 천
늘어짐 방지 테이프
포켓 입구
앞 몸판
1
1
70／70／80／80／90／90
140cm 폭

〈다른 천〉

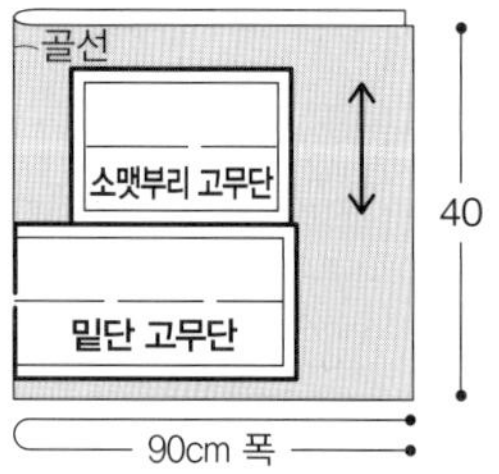

골선
소맷부리 고무단
밑단 고무단
40
90cm 폭

❹재봉틀의 노루발을 지퍼 노루발로 교체하고, 앞 끝에 지퍼를 단다.
❺밑단 고무단의 앞 끝을 박고, 겉으로 뒤집어 앞 끝에 스티치한다.
❻몸판과 밑단 고무단을 박는다.
❼후드를 만든다(P.101의 ❺를 참조).
❽후드를 몸판에 단다.
❾소맷부리 고무단을 만들고, 소매에 달아 완성(P.101의 ❾를 참조). 시접은 두께감을 줄이기 위해 다림질로 가른다.

박는 순서

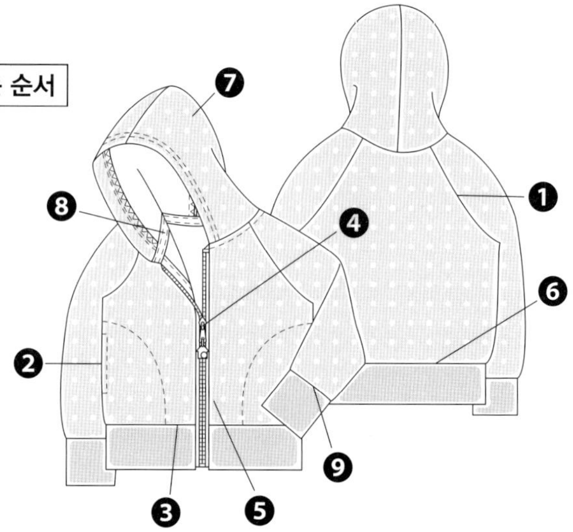

❶
❷
❸
❹
❺
❻
❼
❽
❾

❷소매 밑과 옆을 박고, 포켓을 만든다

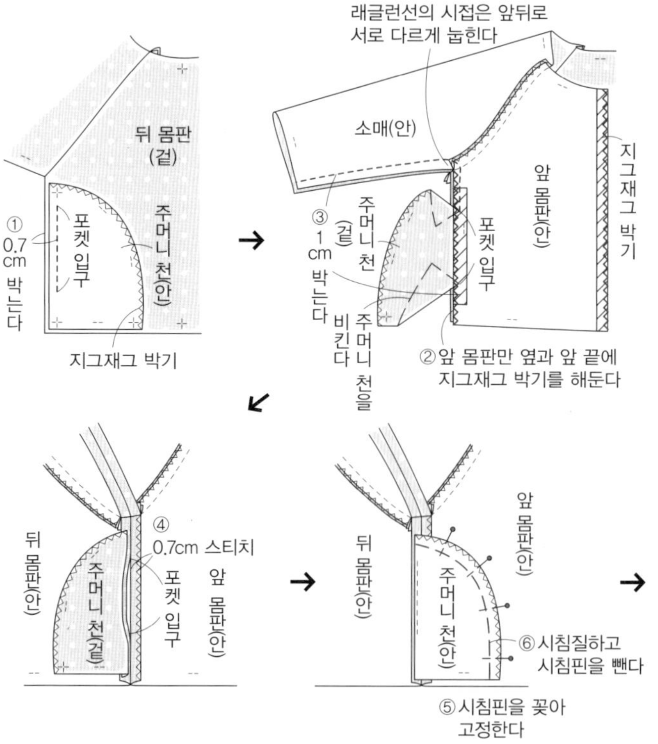

뒤 몸판(겉)
①0.7cm 박는다
포켓 입구
주머니 천(안)
지그재그 박기
래글런선의 시접은 앞뒤로 서로 다르게 눕힌다
소매(안)
③1cm 박는다
주머니 천(겉)
비킨다 주머니 천을
포켓 입구
앞 몸판(안)
지그재그 박기
②앞 몸판만 옆과 앞 끝에 지그재그 박기를 해둔다
뒤 몸판(안)
주머니 천(겉)
④0.7cm 스티치
포켓 입구
앞 몸판(안)
뒤 몸판(안)
주머니 천(안)
앞 몸판(안)
⑥시침질하고 시침핀을 뺀다
⑤시침핀을 꽂아 고정한다

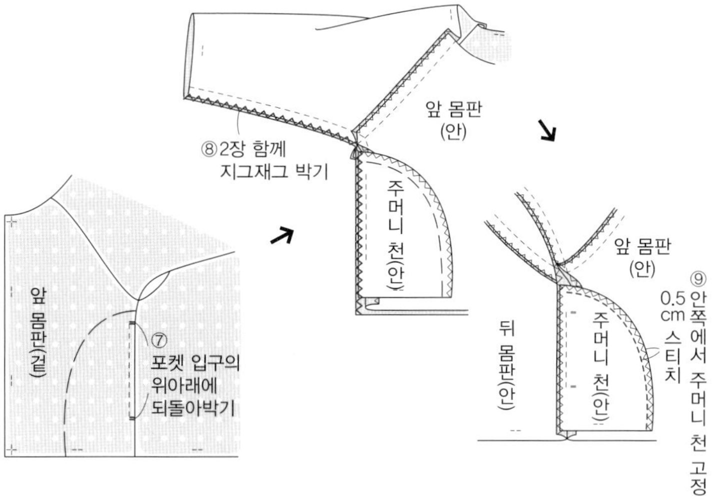
앞 몸판(겉)
⑦포켓 입구의 위아래에 되돌아박기
⑧2장 함께 지그재그 박기
앞 몸판(안)
주머니 천(안)
앞 몸판(안)
뒤 몸판(안)
주머니 천(안)
0.5cm 스티치
⑨안쪽에서 주머니 천 고정

❹앞 끝에 지퍼를 단다

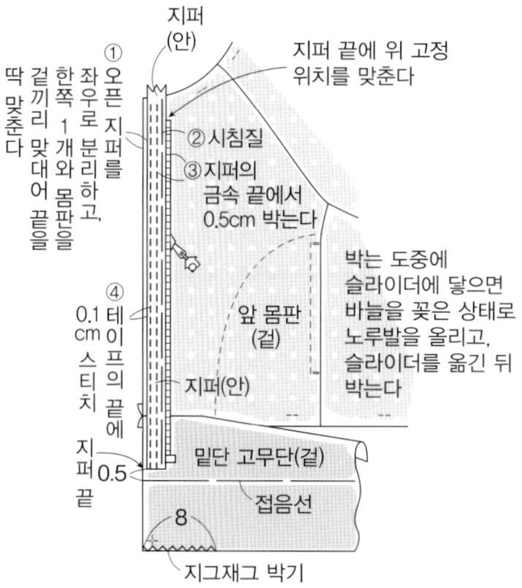
지퍼(안)
①오픈 지퍼를 좌우로 분리하고, 한쪽 1개와 몸판을 겉끼리 맞대어 끝을 딱 맞춘다
지퍼 끝에 위 고정 위치를 맞춘다
②시침질
③지퍼의 금속 끝에서 0.5cm 박는다
박는 도중에 슬라이더에 닿으면 바늘을 꽂은 상태로 노루발을 올리고, 슬라이더를 옮긴 뒤 박는다
앞 몸판(겉)
④테이프의 끝에 0.1cm 스티치
지퍼(안)
지퍼 끝
0.5
밑단 고무단(겉)
접음선
8
지그재그 박기

❺밑단 고무단의 앞 끝을 박고, 스티치한다

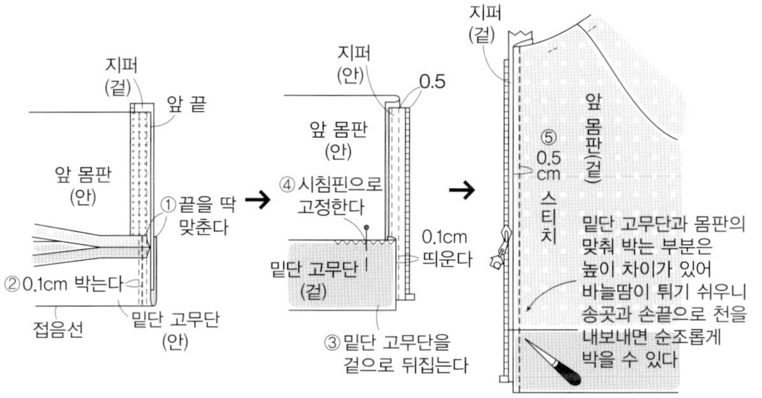
지퍼(겉)
앞 끝
앞 몸판(안)
①끝을 딱 맞춘다
②0.1cm 박는다
접음선
밑단 고무단(안)
지퍼(안)
0.5
앞 몸판(안)
④시침핀으로 고정한다
0.1cm 띄운다
밑단 고무단(겉)
③밑단 고무단을 겉으로 뒤집는다
지퍼(겉)
⑤0.5cm 스티치
앞 몸판(겉)
밑단 고무단과 몸판의 맞춰 박는 부분은 높이 차이가 있어 바늘땀이 튀기 쉬우니 송곳과 손끝으로 천을 내보내면 순조롭게 박을 수 있다

❻몸판과 밑단 고무단을 박는다

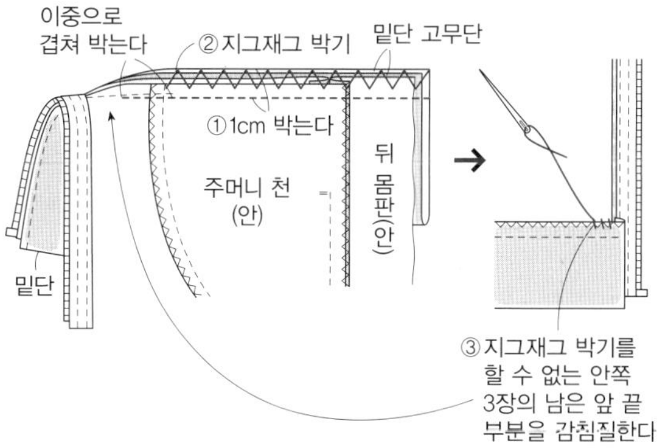
이중으로 겹쳐 박는다
②지그재그 박기
밑단 고무단
①1cm 박는다
주머니 천(안)
뒤 몸판(안)
밑단
③지그재그 박기를 할 수 없는 안쪽 3장의 남은 앞 끝 부분을 감침질한다

❽후드를 몸판에 단다

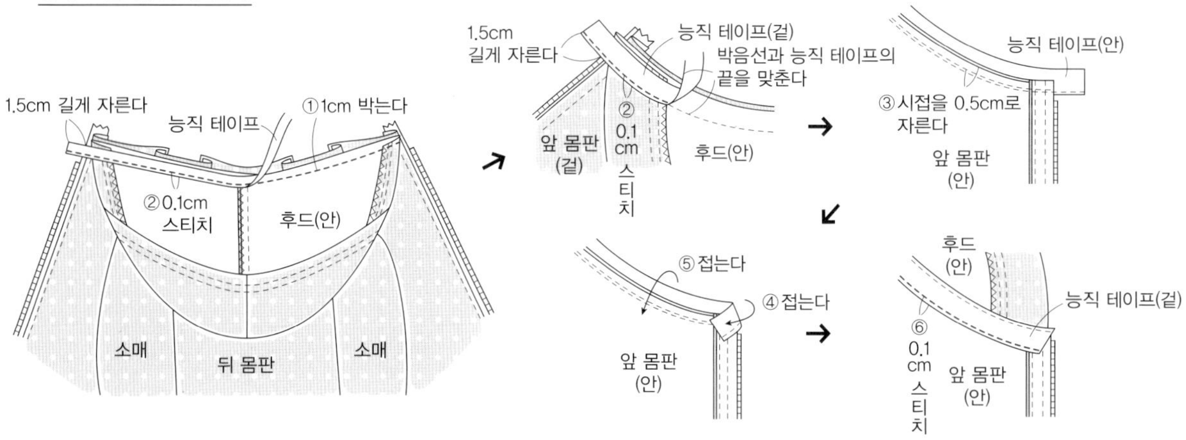
1.5cm 길게 자른다
능직 테이프
①1cm 박는다
②0.1cm 스티치
후드(안)
소매
뒤 몸판
소매
1.5cm 길게 자른다
능직 테이프(겉)
박음선과 능직 테이프의 끝을 맞춘다
앞 몸판(겉)
②0.1cm 스티치
후드(안)
능직 테이프(안)
③시접을 0.5cm로 자른다
앞 몸판(안)
⑤접는다
④접는다
앞 몸판(안)
후드(안)
능직 테이프(겉)
⑥0.1cm 스티치
앞 몸판(안)

29 no.29 단추 후드 파카

p.36／실물 대형 옷본 E면

【재료】(※치수는 왼쪽부터 90／100／110／120／130／140 사이즈)
겉감(작은 꽃무늬 파일직) 180cm 폭…70／70／80／80／90／90cm
다른 천(원사 스판 텔레코) 90cm 폭…40cm
접착심지(앞 몸판과 밑단 고무단의 단추 위치·앞 안단 분량) 50cm 폭…40／40／50／50／50／50cm
지름 13mm 스프링도트 단추…5쌍
※파일직…안면이 고리 모양의 니트 천으로 신축성이 적어 비교적 재봉틀로도 박기 쉽다.
※스판 텔레코(프레이즈, 골지)…스트레치성이 높은 고무짜기 니트 천으로 소맷부리나 밑단 고무단에 사용할 때가 많다.

사이즈	90	100	110	120	130	140
가슴둘레	63.8	67.8	71.8	75.8	79.8	83.8
옷 길이	30.9	33.9	36.9	39.9	42.9	45.9
화장 (SNP에서)	37	42	47	52	57	62

【박는 포인트】
세탁 시 건조가 빠른 1장 재봉의 후드. 몸판·안단과 밑단 고무단 앞 끝의 맞춰 박는 부분은 두께감이 나지 않게 시접을 갈라서 완성한다. ※니트 천을 박을 때는 반드시 니트용 재봉 바늘과 재봉실을 사용하자. 가정용 재봉틀로 박는 경우의 포인트는 P.48을 참조.

【박는 순서】
❶포켓을 만들고, 앞 몸판에 단다.
❷앞뒤 몸판과 소매를 박는다.
❸소매 밑과 옆을 연결해 박는다. ※래글런선의 시접은 앞뒤로 서로 다르게 눕히고, 천 두께를 균등하게 하여 높이 차이를 없애면 박음선이 어긋나지 않고, 깔끔하게 완성된다.
❹앞 몸판·앞 안단과 밑단 고무단을 앞 중심 쪽만 박는다.
❺후드를 만든다.
❻후드를 몸판에 단다.
❼몸판과 밑단 고무단을 박는다.
❽안단을 겉으로 뒤집고, 앞 끝에 스티치한다.
❾소맷부리 고무단을 만들고, 소매에 단다. 시접은 두께감을 줄이기 위해 다림질로 가른다.
❿앞 중심에 스프링도트 단추를 달아 완성.

박는 순서

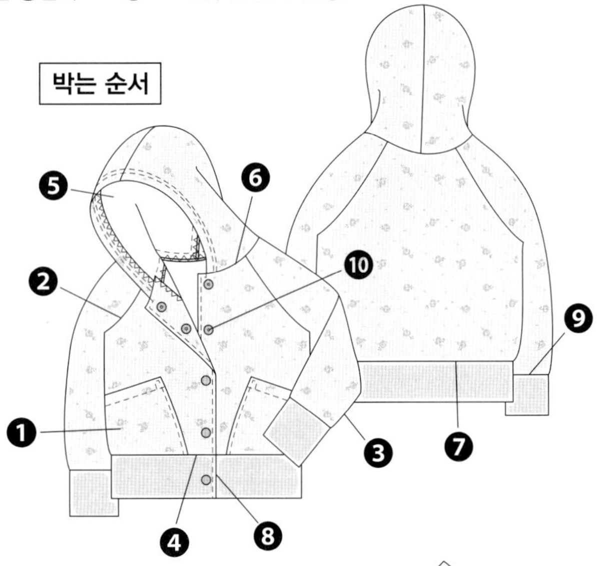
5
6
10
2
9
1
3
7
4
8

재단 배치도

※천 겉면에 옷본을 배치하고 자른다
※지정된 시접 이외는 1cm
※치수는 위부터 90／100／110／120／130／140 사이즈
※도트 부분은 접착심지를 붙인다(P.51을 참조)

〈겉감〉

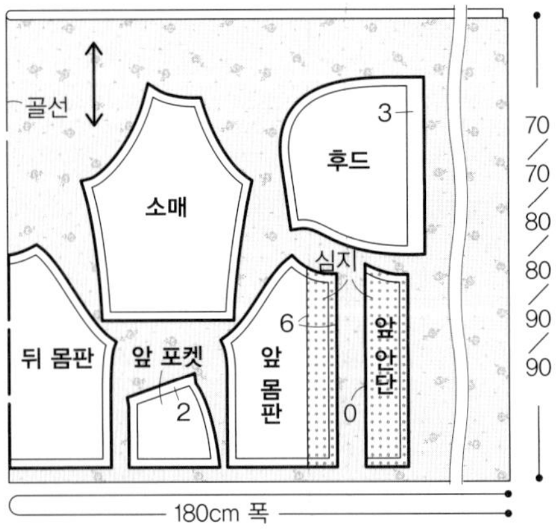
골선
3
후드
소매
심지
6
뒤 몸판
앞 포켓
2
앞 몸판
앞 안단
0
70／70／80／80／90／90
180cm 폭

〈다른 천〉

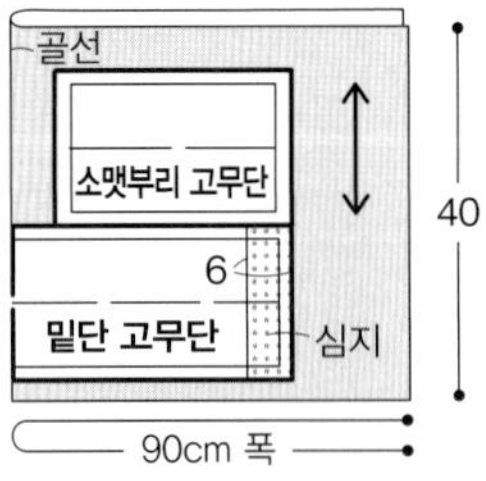
골선
소맷부리 고무단
6
밑단 고무단
심지
40
90cm 폭

❶포켓을 만들고, 앞 몸판에 단다

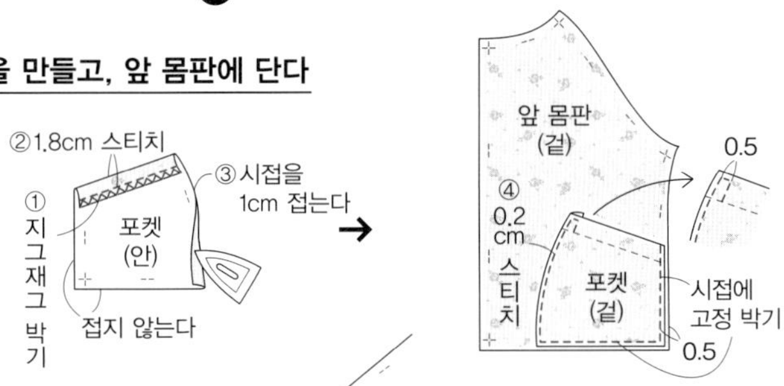
②1.8cm 스티치
①지그재그 박기
포켓 (안)
③시접을 1cm 접는다
접지 않는다
앞 몸판 (겉)
④0.2cm 스티치
포켓 (겉)
0.5
시접에 고정 박기
0.5

❷앞뒤 몸판과 소매를 박는다

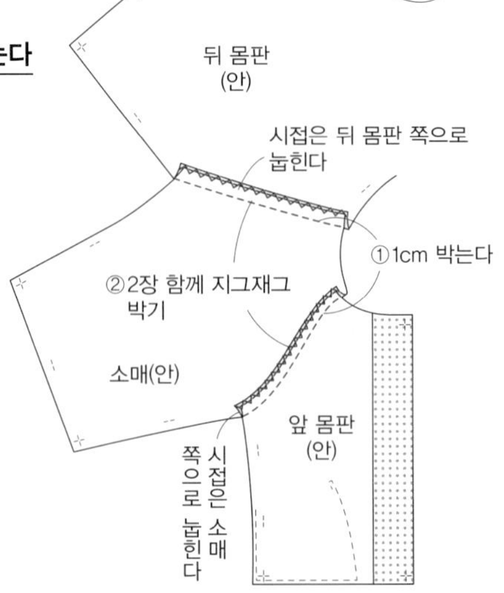
뒤 몸판 (안)
시접은 뒤 몸판 쪽으로 눕힌다
①1cm 박는다
②2장 함께 지그재그 박기
소매(안)
앞 몸판 (안)
시접은 소매 쪽으로 눕힌다

❸소매 밑과 옆을 박는다

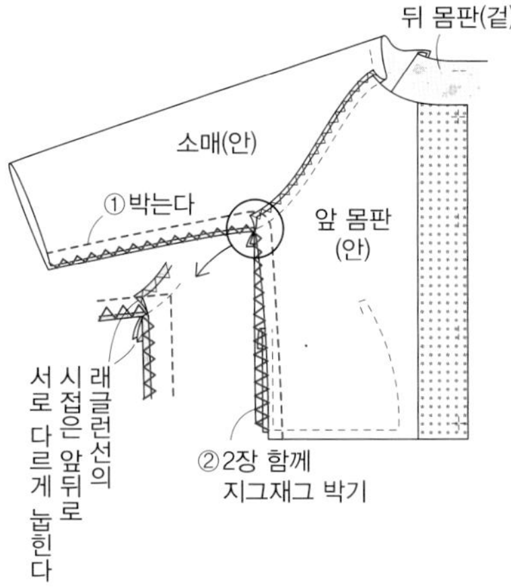

뒤 몸판(겉)
소매(안)
①박는다
앞 몸판
(안)
래글런선의 시접은 앞뒤로 서로 다르게 눕힌다
②2장 함께
지그재그 박기

❹앞 몸판·앞 안단과 밑단 고무단을 박는다

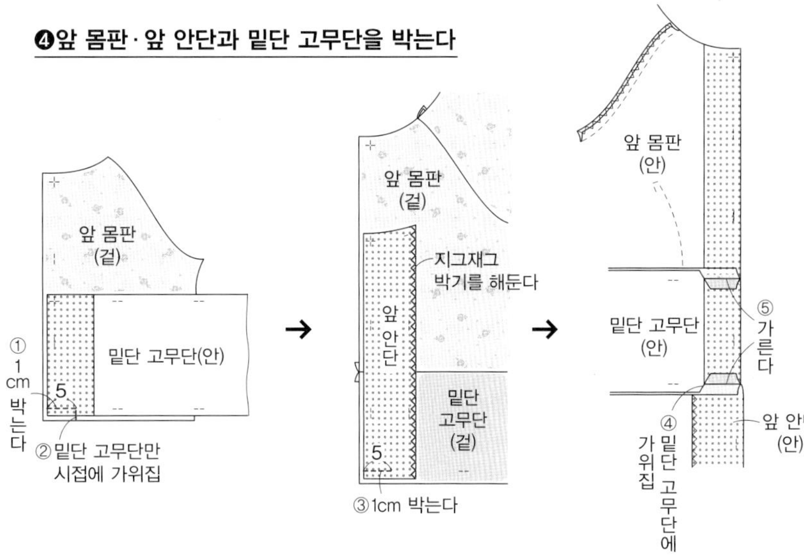

앞 몸판
(겉)
밑단 고무단(안)
①1cm 박는다
5
②밑단 고무단만
시접에 가위집
앞 몸판
(겉)
지그재그
박기를 해둔다
앞 안단
밑단
고무단
(겉)
5
③1cm 박는다
앞 몸판
(안)
밑단 고무단
(안)
⑤가른다
④밑단 고무단에 가위집
앞 안단
(안)

❺후드를 만든다

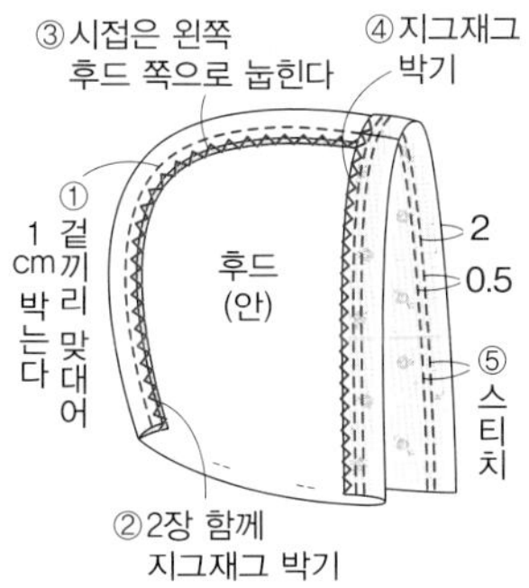

③시접은 왼쪽
후드 쪽으로 눕힌다
④지그재그
박기
①겉끼리 맞대어 1cm 박는다
후드
(안)
2
0.5
⑤스티치
②2장 함께
지그재그 박기

❻후드를 몸판에 단다

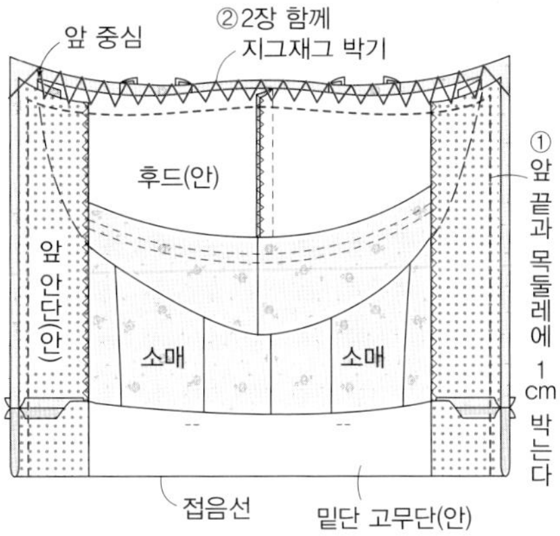

앞 중심
②2장 함께
지그재그 박기
후드(안)
앞 안단(안)
소매
소매
①앞 끝과 목둘레에 1cm 박는다
접음선
밑단 고무단(안)

❼몸판과 밑단 고무단을 박는다

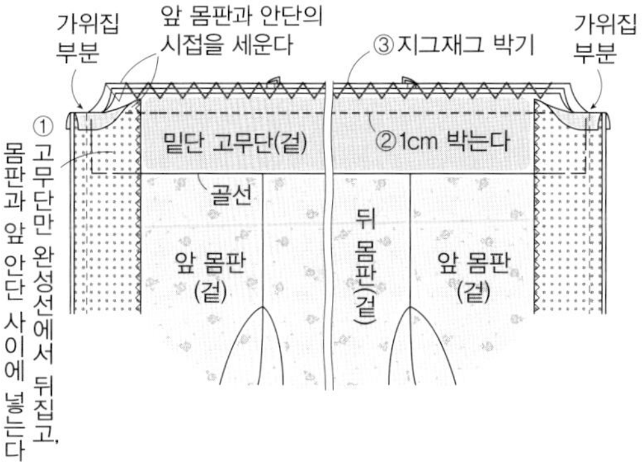

가위집
부분
앞 몸판과 안단의
시접을 세운다
③지그재그 박기
가위집
부분
①고무단만 완성선에서 뒤집고, 몸판과 앞 안단 사이에 넣는다
밑단 고무단(겉)
②1cm 박는다
골선
앞 몸판
(겉)
뒤 몸판(겉)
앞 몸판
(겉)

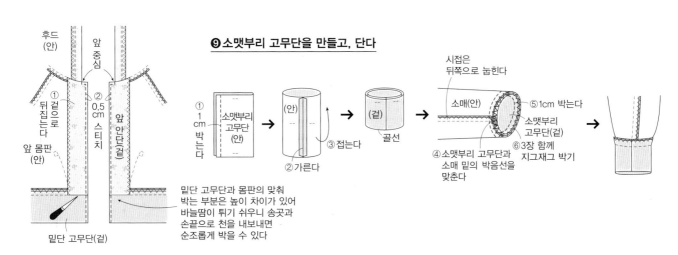

❽앞 끝에 스티치한다

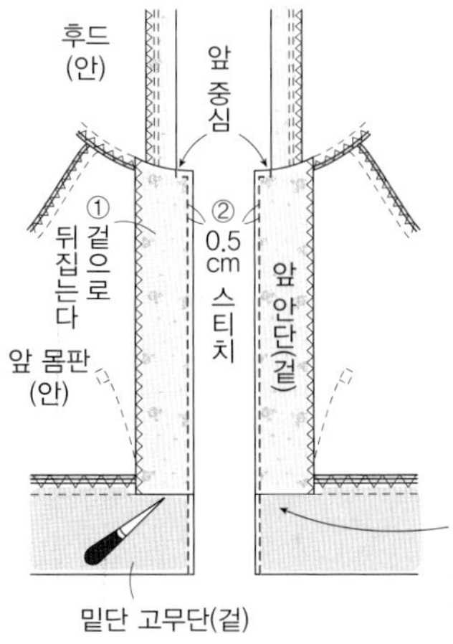

후드
(안)
앞 중심
①겉으로 뒤집는다
②0.5cm 스티치
앞 안단(겉)
앞 몸판
(안)
밑단 고무단(겉)

밑단 고무단과 몸판의 맞춰
박는 부분은 높이 차이가 있어
바늘땀이 튀기 쉬우니 송곳과
손끝으로 천을 내보내면
순조롭게 박을 수 있다

❾소맷부리 고무단을 만들고, 단다

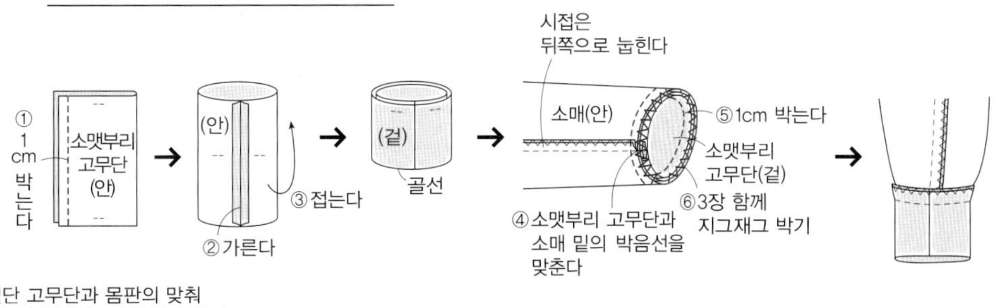

①1cm 박는다
소맷부리
고무단
(안)
(안)
②가른다
③접는다
(겉)
골선
시접은
뒤쪽으로 눕힌다
소매(안)
⑤1cm 박는다
소맷부리
고무단(겉)
⑥3장 함께
지그재그 박기
④소맷부리 고무단과
소매 밑의 박음선을
맞춘다

31 no.31 세미타이트 스커트

p.36／실물 대형 옷본 D면

【재료】(※치수는 왼쪽부터 90／100／110／120／130／140 사이즈)
겉감(베이지색 리넨) 110cm 폭…70／70／80／80／90／90cm
지름 20mm 단추…1개
폭 15mm 고무줄(소프트 타입)…42.5／44／46／48／50／52cm

사이즈	90	100	110	120	130	140
허리둘레	59.8	63.8	67.8	71.8	75.8	79.8
스커트 길이(CB)	25.2	28.2	31.2	34.2	37.2	40.2

【박는 포인트】
포켓은 재봉틀로 박아 다는 간단 유형. 본격적으로 보이는 앞트임 부분은 민트임이라 바느질도 간단하다. 허리 부분은 본체와 연결되어 단시간에 완성할 수 있다.

【박는 순서】
❶앞 스커트에 포켓을 단다.
❷뒤 스커트에 포켓을 단다.
❸뒤 스커트의 이음천을 박는다.
❹뒤 스커트의 중심을 박는다.
❺앞 중심을 박고, 민트임을 만든다.
❻앞뒤 스커트의 옆을 박는다. 왼쪽 옆은 고무줄 끼우는 입구를 남기고 박는다.
❼허리를 2번 접어 스티치하고, 고무줄을 끼운다
※고무줄이 꼬이지 않게 주의하자.
❽밑단을 2번 접어 스티치한다.
❾고무줄에 걸리지 않게 앞 허리에 장식 단추를 달아 완성.

박는 순서

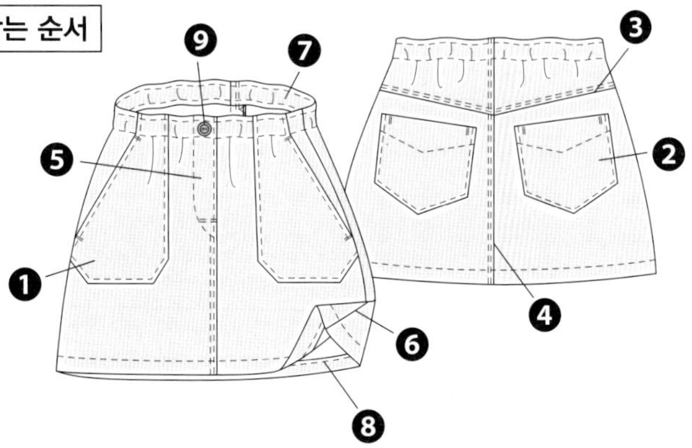
❶
❷
❸
❹
❺
❻
❼
❽
❾

❶앞 스커트에 포켓을 단다

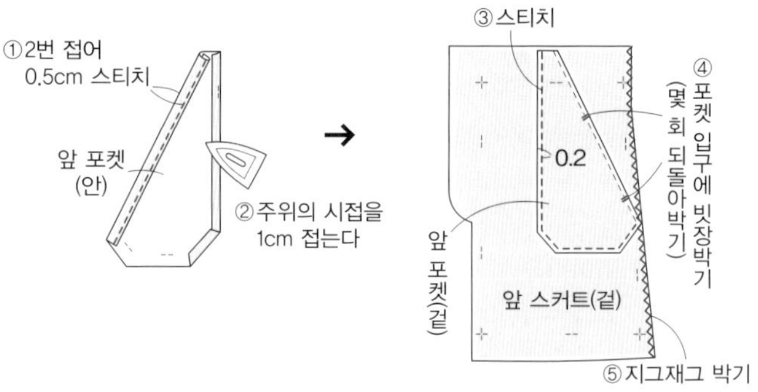
①2번 접어 0.5cm 스티치
앞 포켓 (안)
②주위의 시접을 1cm 접는다
③스티치
0.2
④포켓 입구에 빗장박기 (몇 회 되돌아박기)
앞 포켓(겉)
앞 스커트(겉)
⑤지그재그 박기

재단 배치도

※천 겉면에 옷본을 배치하고 자른다
※지정된 시접 이외는 1cm
※치수는 위부터 90／100／110／120／130／140 사이즈

〈겉감〉

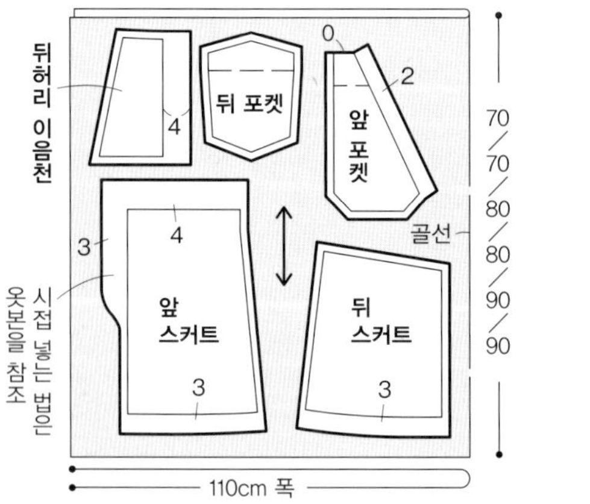
뒤 허리 이음천
4
뒤 포켓
0
2
앞 포켓
3
4
앞 스커트
3
뒤 스커트
3
골선
시접 넣는 법은 옷본을 참조
70／70／80／80／90／90
110cm 폭

❷뒤 스커트에 포켓을 단다

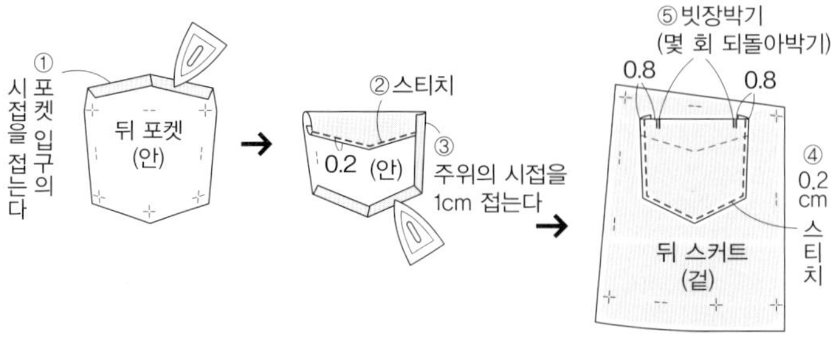
①포켓 입구의 시접을 접는다
뒤 포켓 (안)
②스티치
0.2 (안)
③주위의 시접을 1cm 접는다
⑤빗장박기 (몇 회 되돌아박기)
0.8
0.8
④0.2 cm 스티치
뒤 스커트 (겉)

❸ 뒤 스커트의 이음천을 박는다

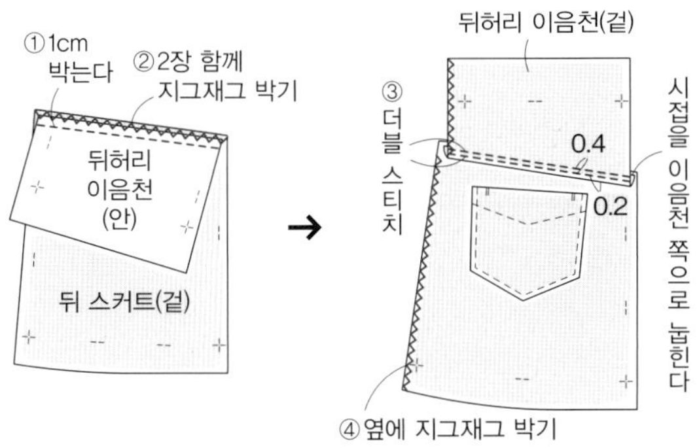
①1cm 박는다
②2장 함께 지그재그 박기
뒤허리 이음천 (안)
뒤 스커트(겉)
뒤허리 이음천(겉)
③ 더블 스티치
0.4
0.2
시접을 이음천 쪽으로 눕힌다
④옆에 지그재그 박기

❹ 뒤 스커트의 중심을 박는다

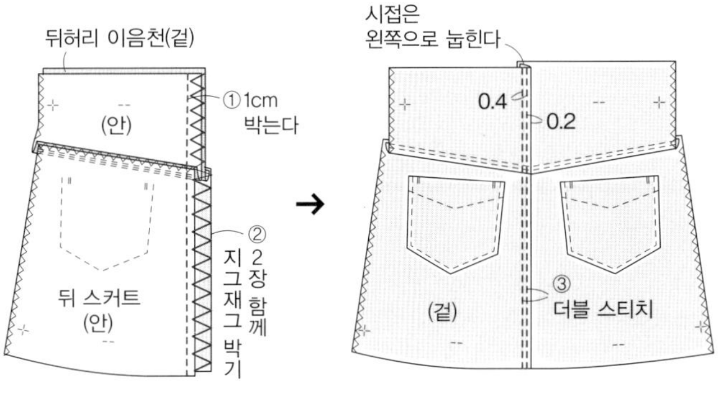
뒤허리 이음천(겉)
(안)
①1cm 박는다
②2장 함께 지그재그 박기
뒤 스커트 (안)
시접은 왼쪽으로 눕힌다
0.4
0.2
③ 더블 스티치
(겉)

❺ 앞 중심을 박고, 민트임을 만든다

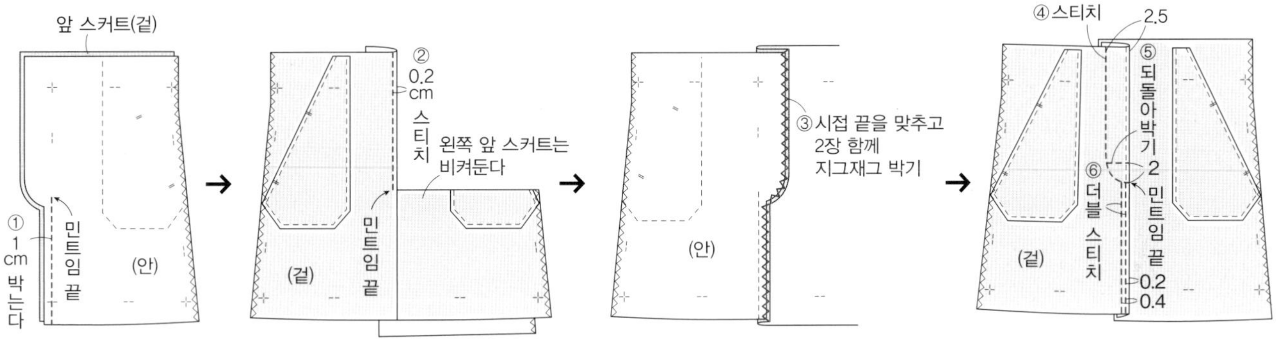
앞 스커트(겉)
①1cm 박는다
민트임 끝
(안)
②0.2cm 스티치
왼쪽 앞 스커트는 비켜둔다
(겉)
민트임 끝
③시접 끝을 맞추고 2장 함께 지그재그 박기
(안)
④스티치
2.5
⑤되돌아박기
2
⑥더블 스티치
민트임 끝
(겉)
0.2
0.4

❻ 앞뒤 스커트의 옆을 박는다

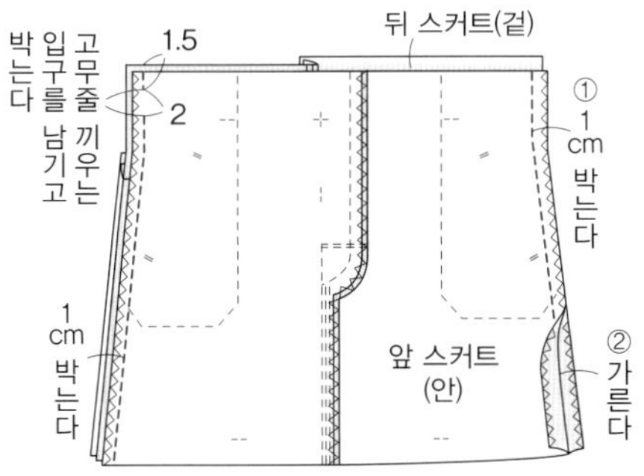
고무줄 끼우는 입구를 남기고 박는다
1.5
2
뒤 스커트(겉)
①1cm 박는다
1cm 박는다
앞 스커트 (안)
②가른다

❼~❾ 허리·밑단을 마무리한다

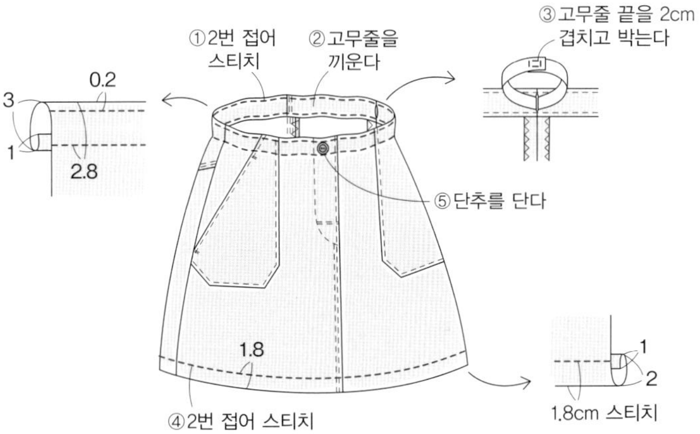
①2번 접어 스티치
②고무줄을 끼운다
③고무줄 끝을 2cm 겹치고 박는다
3
0.2
1
2.8
⑤단추를 단다
1.8
④2번 접어 스티치
1
2
1.8cm 스티치

가타가이 유키(유카)
패턴을 전문적으로 소개하는 온라인 숍 '패턴 라벨(Pattern Label)'을 운영하고 있다. 문화복장학원 졸업 후 패션 회사에 입사, 패터너와 디자이너를 두루 거치며 경력을 쌓았다. 이 분야에서 뛰어난 능력을 인정받으면서 2005년 여성복과 아동복 오리지널 패턴을 판매하는 온라인 숍을 론칭했다. 저자의 패턴은 디자인과 실루엣이 깜찍하고, 보이지 않는 세밀한 부분까지 신경 써서 착용감이 뛰어나다. 만들기도 쉬워 금세 많은 팬을 모았다. 특히 이번 책에는 그간의 노하우와 경험이 한데 집약되어 초보자도 쉽게 따라 할 수 있다. 저서로《패턴부터 남다른 아이 옷 스타일 북》등이 있다.

옮긴이 황선영
일어일문학을 전공하고 대한항공 국제선 파트에서 근무했다. 현재 실용서 전문 번역가로 활동하고 있다. 옮긴 책으로는《히구치 유미코의 자수 12개월》,《1색 자수와 작은 소품》,《2색으로 즐기는 자수 생활》,《자수와 손가방》,《하덴거 자수》,《패턴 학교 Vol. 1 상의 편》,《패턴 학교 Vol. 2 스커트 편》,《패턴 학교 Vol. 3 팬츠 편》,《패턴 학교 Vol. 4 원피스 편》,《심플한 패턴의 예쁜 원피스》,《심플하고 세련된 여자 옷》,《심플하고 귀여운 여자아이 옷》등이 있다.

감수 문수연
서울대학교 인문대학 고고미술사학과를 졸업했다. 재봉틀로 옷 만들기부터 수공예까지 손으로 만드는 모든 것을 좋아해 작품 활동을 시작했다. 현재 서촌에서 '여름한옥 게스트하우스'를 운영하며 작은 수공예 수업을 하고 있다. 그녀가 운영하는 인스타그램 '단추수프(http://www.instagram.com/thebuttonsoup)'에서 보기만 해도 감탄이 절로 나오는 다양한 작품을 만나볼 수 있다.

매일 입고 싶은 여자아이 옷 개정증보판

초판 1쇄 발행 2022년 4월 20일

지은이 가타가이 유키
옮긴이 황선영
감 수 문수연
펴낸이 명혜정
펴낸곳 도서출판 이아소
편집장 송수영
디자인 레프트로드
교 열 정수완

등록번호 제311-2004-00014호
등록일자 2004년 4월 22일
주소 04002 서울시 마포구 월드컵북로5나길 18 1012호
전화 (02)337-0446 **팩스** (02)337-0402

책값은 뒤표지에 있습니다.
ISBN 979-11-87113-52-2 13590

도서출판 이아소는 독자 여러분의 의견을 소중하게 생각합니다.
E-mail: iasobook@gmail.com